小明灯传统文化书系

中国制造的文化基因

宋应星与《天工开物》

李雪艳　付玉◎著

吉林科学技术出版社

图书在版编目（CIP）数据

宋应星与《天工开物》：中国制造的文化基因 / 李雪艳，付玉著. -- 长春 : 吉林科学技术出版社，2024. 12. -- ISBN 978-7-5744-1985-8

Ⅰ. N092-49

中国国家版本馆CIP数据核字第2024RU1718号

中国制造的文化基因　宋应星与《天工开物》

ZHONGGUO ZHIZAO DE WENHUA JIYIN　SONG YINGXING YU《TIANGONG KAIWU》

著　　者　李雪艳　付　玉
出 版 人　宛　霞
责任编辑　汤　洁
封面设计　星客月客
制　　版　长春美印图文设计有限公司
幅面尺寸　167 mm×235 mm
开　　本　16
字　　数　122千字
印　　张　10.5
页　　数　168
版　　次　2025年1月第1版
印　　次　2025年1月第1次印刷

出　　版　吉林科学技术出版社
发　　行　吉林科学技术出版社
地　　址　长春市福祉大路5788号
邮　　编　130118
发行部电话/传真　0431-81629529　81629530　81629531
　　　　　　　　81629532　81629533　81629534
储运部电话　0431-86059116
编辑部电话　0431-81629518
印　　刷　吉林省吉广国际广告股份有限公司

书　　号　ISBN 978-7-5744-1985-8
定　　价　68.00元

序

《天工开物》被称为中国第一部关于农业和手工业生产技术的百科全书，由明朝宋应星于十七世纪编写完成。作者也许没有想过这部书会为外国人所知，更不会想到这部书后来会漂洋过海，传播到东亚其他国家和欧洲各国，产生巨大的国际影响。该著作的影响超出了本国的范围，陆续为各国学者所推崇，被公认为是一部世界古代科技名著，已被译成多种外国文字，在国际社会广泛传播，产生良好影响。

《天工开物》一书不仅系统书写了农业、手工业、采矿、制盐、制造兵器等生产技术，而且为后世建筑、书画留下了大量传承底板，全书共三篇十八卷，作者宋应星以超强的智慧为我们贡献了一部传世不朽之作。

该书不仅被誉为“中国十七世纪的工艺百科全书”，而且为今天的中国制造留下了强大的文化基因。《天工开物》之名，来源于两部典籍。“天工”，出自《尚书》“天工，人其代之”，意指自然的能量，自然的职责。“开物”，出自《易经》“开物成务”，意指开发万物，成就万物。“天工开物”即人要利用自然，用才智、技术，开发出万事万物，与当今“强调人与自然协调发展，人力与自然力融合”等理念不谋而合，是今天生态文明建设的典范，在世界强调低碳经济发展的今天有重要的参考价值和历史价值。

传统文化是中国式现代化的底座和标识，是文化自信的重要支撑。习近平总书记在2023年6月2日的文化传承发展座谈会讲话中重点论述了中华文明的连续性、统一性、创新性等。我们认为《天工开物》是中华文明创新性的重要案例，也是中华文明连续性的有力支撑，更是全体中国人的共同记忆和文化基因。这为我们研究和传播《天工开物》提供了思想导向、战略支持和强大信心。

《天工开物》的研究与传播对当代青少年了解中国历史，感受中华文化，增强做中国人的志气、骨气、底气，有着重要的作用和意义。

目录

第四章 《天工开物》的诞生

第五章 有趣的造物工艺

第六章 当代中国制造的文化基因

第七章 开物东方，格致万年

宋应星
与
《天工开物》

第一章 《天工开物》问世的历史背景

《天工开物》是由明末科学家宋应星撰写的著名科技著作，被誉为中国古代乃至世界上第一部关于农业和手工业生产的综合性著作，也被认为是“中国十七世纪的工艺百科全书”。

宋应星生于书香世家，但至他那一代已无法感受到其曾祖父宋景曾历任吏部、工部、兵部三部尚书的荣光，他父亲宋国霖终其一生也只是个秀才。不过，宋应星在年少时便表现出非凡的学习天赋，也因此深得师长们的喜爱。他博闻强记，好读经史子集和诸子百家著作。博览群书让他具备了朴素的唯物主义自然观，可屡试不第让他转而喜欢上了与功名无关的工农业生产与科学技术，这就导致了他后来不计年月、不吝心血，对中国几千年来农业、手工业生产方面的实践和积累的经验做了一个系统总结——撰写了《天工开物》。

《天工开物》一书共三卷十八篇，详细记录了当时中国的农业、手工业生产技术，包括农作物的栽培、收获、加工以及机械、砖瓦、陶瓷、硫黄、烛、纸、兵器、火药、纺织、染色、制盐、榨油、采煤等多个行业领域的技术和工艺。这些都说明，随着明朝晚期社会生产力水平的不断提高，农业以及手工业都有了长足的发展，商品贸易也因当时航海技术发达、海外贸易增多而繁荣兴旺。当然，这也和宋应星个人的品行和阅历有关，他关心百姓疾苦，重视生产劳动，接近劳动人民，并且没有士大夫身上常见的那种阶级偏见，即如他在《天工开物》序言中所说“幸生圣明极盛之世，滇南车马，纵贯辽阳，岭徼宦商，衡游蓟北，为方万里中，何事何物不可见见闻闻”。正是在这样的背景下，《天工开物》这部巨著方得以问世。作为中国科技史上的重要文献，该书对后世的科技发展和文化传承均产生了深远影响。

《天工开物》一书的问世，既是宋应星本人卓越才能的充分体现，也是当时社会发展的必然产物。

一、大明王朝的兴与衰

大明王朝，是中国历史上由汉族建立起来的中原王朝，历经 16 帝。从洪武元年（1368）朱元璋建立起统一王朝，定都应天府（今南京），至崇祯十七年（1644）皇帝朱由检自缢，前后共 276 年，大致可以分为早（洪武元年至正统七年）、中（正统七年至万历十年）、晚（万历十年至崇祯十七年）三个历史时期。各时期的造物与用物也随着王朝的兴衰发生了巨大变化。明初的造物与用物呈现出等级森严、敦实质朴的特点，而明中、晚时期则表现出僭礼越制、奢侈华美的造物与用物特征。

1. 严苛的明朝礼制

大明王朝创建后，明太祖朱元璋制定了中国历史上最为严格的礼法等级制度，衣、食、住、行、用均讲究法度，使明初的封建王朝形成了上下等级分明、权力高度集中的政治局面，呈现出“贵贱之别，望而知之”的社会图景。《明史·舆服志》一书中详细记载了不同身份与地位的人，在出行器具、服饰、日常器物、居住房屋等造物与用物层面所要遵循的规定与要求，如皇家可以着黄色服饰，百姓则不被允许；皇家贵族可以穿丝绸类服饰，平民百姓只能着棉、麻类衣饰；等等。种种具体要求与礼制规定，表现出人与人之间的上下尊卑关系，在社会的各个领域、各个层面都能够体现出每个人不同的身份，以此体现个人拥有的政治与社会地位。

上下尊卑

以制度的方式，将人与人之间的上下尊卑关系有序化，是中国传统社会生活中要掌握的社会法则，明初则将这一历史延续的等级制度，以衣、食、住、行、用等生活器物为载体，进行了更为广泛、深入的展现。在《天工开物》造物工艺中或隐或现所传递的明朝等级制度信息，与洪武年间及其后历代王朝制定的典章规范相呼应，反映了人与人之间上下尊卑的关系。

服装以草木染色早有规定，洪武元年十二月，朱元璋谕中书省臣曰：“帝王之治天下，必定礼制，以辨贵贱，明等威。”明朝将黄色视为皇家的专有色，禁止民间使用，连官员也不许，明黄色成为最高皇权的象征；青、绿染色为明政府官员祭服与朝服的等级色。嘉靖十六年（1537）又规定，五品官及御前讲席非讲官，“俱服青绿锦绣”；而民间百姓的服饰染色则为色彩素雅、价格低廉的靛蓝染色。从服装用料来看，贵者为织造精良、纹理细密、手感滑润的绫罗绸缎及丝绵织物，或价值昂贵的皮毛类制品；贱者为质地粗疏、价格低廉的粗麻葛类布制品。从砖瓦陶瓷来看，青砖黛瓦与罂瓮是普通民众生活的主要用具；而明朝皇家所用的瓷器中既有大龙缸，亦有青花瓷、宣红、紫霞色杯等御用瓷器，制作工艺皆不惜工本，并只供皇室专用。

在明朝人们的伦理道德意识中，等级制度已经深深地渗透到了吃穿用度方方面面中，而且人们还在不断强化，明朝严苛的等级制度，使日常所用的物成为了社会等级的符号。

逐渐奢靡

由于大明天子的生活经历及王朝皇权的兴衰沉浮、明朝匠户制度的改革、明朝中晚期商业的发展和造物工艺自身的成熟这四方面原因，明朝后期造物风格、用物风格、审美风格比之以往都相应地发生了演变，从淳朴到豪美，从森严的等级规范到僭越礼制、求美尚奢，并形成社会的消费主流与审美趋向。

受社会矛盾不断激化、皇权统治日益削弱以及政府腐败等多种因素的影响，明朝中晚期，礼制规范的失衡问题日益凸显。随着商业的迅猛发展，明初制定的造物、用物的礼法制度在执行过程中逐渐松弛，奢侈之风日益盛行，从皇室贵族到平民百姓，都在追求美与奢。对于物质的极度追求，成为明朝中晚期的消费趋势，在社会的各个阶层和各个物质生活领域中，这种奢靡之风已经成为一种显著的社会现象。其中，服饰僭越之风最甚，表现为美艳、敞亮的奇装异服大行其道，但亦因突破礼法制度而被称为“服妖”。如《明宪宗实录》载：“兵民服色器用，已有定制。近在京多犯越，服用则僭大红织金罗缎，遍地金锦……首饰则僭宝石珠翠。下至倡优，亦皆僭侈。”至万历年间，传统等级制度逐渐势微，服饰与日常器物僭越、艳俗与奢侈等时尚之风盛行。就房屋大小、材料等而言，明初洪武年间依据身份等级不同

明朝《南都繁会景物图卷》

而有严格的规定，但及至明朝中晚期，受僭越之风影响，已经彻底突破礼制规范，雕梁画栋式的营造和装饰，形成了明朝中晚期奢华的建筑文化现象。在出行交通方面，随着明朝中晚期的文化变迁，明早期的“舆盖制度”被打破，由此造成万历时期官民皆有乘轿之举，轿子的装饰、规格等都偏离明初的舆盖制度。“轿”因其早期是身份高贵者的工具象征，而成为明朝中晚期大众追求的较为时尚的出行工具。

二、宋氏宗族与大明王朝

也许是历史的偶然，宋氏宗族的兴衰与明朝社会的起伏非常契合，与明朝国家的发展、制度的执行息息相关。宋氏宗族得益于明初的惠民政策，通过齐心协力的拓荒与不断的努力，跻身于明初的地主阶层，随着“耕读并进力兴邦”的宗族思想形成，宋氏宗族在耕种之余，开始注重宗族子弟的读书教育，很多子弟参加了科举考试，由此从地主阶层进入官僚阶层，尽管宋氏宗族最终也落败于晚明时期的政治腐败和沉重的赋税。但其发展状态、宗族观念、社会地位都与明朝社会的发展历程高度契合，荣辱与共。

1. 宋氏宗族的兴盛与明初的兴农政策

作为平民出身的帝王，明太祖朱元璋深知底层百姓生活的艰辛，因此，他在宫廷生活中主张衣食质朴，躬行节俭，同时，积极鼓励生产，准许自由垦荒，督修水利工程，使得农业生产得到复苏。此外，明太祖多次宽减粮额，甚至免除田租。明初宽减赋税的兴农政策使得苦于苛政久矣的百姓挣脱了桎梏。兴农之举，解民困，收民心。正如史书所说，洪武年间的明朝，呈现出了一派“天下卫所州县军民皆事垦辟矣”的“重农”之景。

宋氏宗族抓住了这一有利国策的良机，积极开荒拓地，彻底改变了宗族的社会身份与地位。据《宋氏宗谱》记载，福五公为新吴雅溪宋氏第一世祖，由义井迁居张家边，以农耕为业，家贫，娶胡氏为妻，胡氏去世后，入赘义井熊宅；二世祖定五；三世祖熊德浦。在洪武初年，为了扭转因连年战乱而导致的土地荒芜、国库亏空、生灵涂炭的局面，明太祖颁布了一系列法律法规，包括“归农复业”“重农减征”等，同时作为农业发展的配套措施，进行了大规模的水利修缮，以确保农业生产需求得到满足。至永乐年间，朝廷又进一步放宽赋税政策，使其对农村经济的影响更加广泛深入，这都为宋氏宗族的兴起创造了条件。在明初鼓励垦荒、发展农业的有利国策下，三世祖德浦公率领全家以农耕为主，同时兼顾桑蚕副业，成为当地富有的农户，田“租以千记”。因此，在明初，宋氏宗族摆脱了贫困的农民身份，跻身富有的地主阶层。

地主阶层的形成

三世祖德浦公的殷实家境为后代的发展创造了优越的条件，四世祖仲礼在时人尚“惟知重桑麻勤耕作，习举子业者尚落落不概见”之时，已以乡选贡生身份参加明洪武年间选贡游太学，廷试第一，就职于京师，可惜英年早逝，其子提出由熊姓恢复至宋姓获准。这一阶段是宋氏宗族求学入仕理想的萌芽时期。久而久之，宋氏宗族逐渐由经营土地的地主阶层向读书入仕的官僚地主阶层转变，特别是明中叶八世祖宋景（1476—1547），其为学聪明勤奋，科举入仕成为朝廷重要的阁臣，先后担任山东参政、山西左布政使、南京工部尚书转吏部尚书，及京师都察院左都御史（正二品）等职，为宋氏宗族带来了极大的荣耀，同时也使得宋氏宗族跻身于官僚地主阶层，成为当地的名门望族，这一历史时期也成为整个宗族的高光时刻。牌楼村建造了“三代尚书坊”来纪念这一宗族荣耀。宋景育有五子三女，其中一子承庆是应昇、应星的祖父，育有国霖一子，国霖即是应昇、应星的父亲，这时期的宋氏宗族仍过着大户人家的日子。

走向衰败

宋氏宗族的衰落始于宋国霖这一代，即宋应星的父亲一辈。嘉靖二十六年（1547），宋国霖的父亲宋承庆去世，宋国霖的母亲顾氏带其艰难度日。宋国霖性格孤僻，一生没有什么成就，只能靠母亲和叔父等人的帮衬生活，后娶妻并育有四子，因子嗣较多，家庭经济更加艰难，其妻魏氏常常“饭尽，辄皙忍饥，蔬尽，不更治蔬，往往箸濡蘸盐少许下咽耳”。家庭生活的窘迫给宋应星留下了深刻的印记。宋承庆的早逝，以及万历戊六年（1578）的一场大火烧掉了家里的浮财，再加上家庭人口众多，明中晚期过重的赋税，至宋应星所生活的崇祯年间，这个家庭的生活更加艰难。

明朝晚期，皇帝昏庸，宦官专政，结党营私，胡作非为，杀戮异己，强占土地，侵夺财物，奴辱朝臣，屠杀人民，将明朝的政治推到了黑暗腐朽的深渊。奉新县宋氏族人自然无法置身事外，也深陷于水深火热之中。此时的明朝政治极度腐败，科举舞弊已成为十分普遍的现象，大权落到了魏忠贤这样的宦官手中，宋应星六次参加会试，均未成功。宋氏后人的科举入仕之路被彻底阻断，沉重的赋税和恶势力导致宋氏宗族随着晚明王朝的衰败而走向贫穷和没落，而宋氏宗族的兴衰荣辱也是明王朝兴衰历史的一个缩影。

宋氏宗族衰落有历史的必然，其发家得益于明初的兴农政策；在明中期通过科举入仕，成为官僚地主阶层，同样是得益于明王朝，得到明王朝政治方面的青睐与扶持；而晚期的衰落则源于明王朝晚期政治、科举考试方面的腐败，从而导致宋氏宗族在这个时期再无较高职位的政府官员出现；政治腐败导致的苛捐杂税，加速了宋氏宗族的衰败。宋氏宗族的历史进程与大明王朝的走向完全一致。

2. 本末之争

何为本末？

古代中国以农为本，统治阶级认为农业是立国之本，是国民经济的基础。农业作为古代中国最基本的经济形式受到各个阶层的普遍重视，因此农业被称为“本业”，手工业和商业被称为“末业”，重农抑商是中国历代封建王朝最基本的经济指导思想，也有“重本轻末”之说。

从自然环境与经济发展的角度来看，中国封建社会的经济基础是自给自足的农业经济，是面朝黄土背朝天的农业耕种模式，因此历朝历代的统治者都将农业视为“立国之本”，将商业作为“末业”加以抑制。从政治角度看，统治者这样做是出于政权稳定的需要。农业自给自足，流动性弱，而商业活动会增加人员、物资的流动，在一个相对封闭的大一统社会里，流动性强就会增加更多的不稳定性因素，进而可能会危害到封建等级制度。从地理条件看，古代中国北面是草原荒漠，东面是太平洋，西面有帕米尔高原，西南和南面有青藏高原和云贵高原，加之中国自然资源丰富、土地肥沃、气候温和，能够自给自足，这样相对封闭的地理环境和优渥的资源禀赋是“重本轻末”形成的客观条件。从文化传统看，我国自古讲究“民以食为天”，人生存的前提是得有充足的食物，明朝农业在前期历朝历代积累的基础上，已经形成了科学的农耕制度和管理方法，加之我国古代统治者受儒家思想影响深远，重农抑商、“重义轻利”的思想占有主导性，这些思想经过前期长久发展，形成了一套重视农业、轻视商业的价值体系与主流观念。

明朝的商业文化

明朝是一个君主专制空前加强的时期，也是一个手工业和商业经济繁荣的时期，当时已出现了商业集镇和资本主义萌芽。《天工开物》一书的酝酿与撰写恰好处于封建制度急剧衰败以及资本主义萌芽显著发展的时期。可以说宋应星既见证了旧社会生产关系和生产方式的衰落，又目睹了新社会生产关系和生产方式的萌发，这些对他的创作和思想都产生了深刻的影响。

明初，国家处于百废待兴、百业待举之际，重农自然是统治者首选的政策。抑制末业发展的基本出发点就是巩固封建经济，统治者为了维护巩固自己的地位，自然是以发展农业为本。统治者通过颁布一些土地政策，并按照人数多少来划分土地进行管理，轻徭薄赋，让更多的百姓可以投入到农业生产中，让农民能够安安稳稳、脚踏实地地靠农业生产维持生活。当然，明朝统治者也并非完全不允许商业发展，而是需要通过一些经济政策将商品经济的作用发挥出来，以此对以自然经济为主体的封建经济起到一定程度上的调节、补充和支持的作用。如明朝初期的“恤商政策”，此时尽管对商民的限制很多，但是商人所交的税极轻，这些都是服务于“本业”的措施，同时这些政策也为明朝中晚期商业的繁荣奠定了基础。明朝早中期实施的海禁政策，严重妨害了东南沿海商民生计和海外贸易、商品经济的发展。隆庆元年（1567）开放海禁，历史上称之为“隆庆开海”。明朝在持续整顿盐法、茶法以通商外，明中期统治者也在百姓日用等领域强调进行通商。明朝隆庆、万历年间，随着“抑商”政策落下帷幕，“通商”与“恤商”成为官方的商业政策。

由于明朝社会生产力和商品经济的发展，商人的社会影响力逐渐增强。一些别有用心的商人通过勾结官员对国家政权进行干预，导致社会动荡。商业的发达带来的不全都是物质财富的积累，也会导致富者愈富贫者愈贫的贫富差距，产生因拜金主义盛行而导致的社会伦理道德的沦丧。由于明朝中期对商人重征商税，还有部分官员私自设立一些纳税条目，商人的经营负担逐渐加重，许多商贾因承受不住压力而破产。到明朝末年，国家的形势已经十分危急，统治者不断地征收重税，繁重的商税使得商人纷纷破产，随着土地兼并不断以及战争频仍，明朝高度繁荣的商业经济最终还是在明清战争的硝烟中遽然殒灭。

本与末的矛盾关系

古代中国长期的重农抑商政策，虽然在一定程度上挤压了商业的发展空间，似乎将“本”与“末”彻底对立起来，但是经济的发展有其自身的客观规律，随着社会的发展，商品经济的逐渐兴盛，资本主义萌芽，封建统治制度和思想也随之发生改变。从“抑商”到“通商”，明朝政策发生如此的转变，这前后的矛盾对比值得深入了解。

明初期的经济发展继承了中国传统的“重本轻末”的思想，并将这种思想视为制定经济发展政策的理论依据，这种“商”为四民之末的思想成为普遍观念，根深蒂固。抑商政策还涉及对外贸易，明初的“海禁”政策阻碍了当时中国与东南沿海国家和地区的贸易。明朝的早中期，统治者为了缓和社会矛盾，增加财政收入，对赋税制度进行了改革，明太祖朱元璋和明成祖朱棣采取了如减轻赋税和徭役、工匠轮班制与住坐制等促进生产发展的措施。一些有经济头脑的大臣提出了一些改变赋税制度的主张，如明嘉靖年间的“一条鞭法”制度，归纳而言，其主要内容为赋役合一，一体征银，形成了建立在田亩之上的比例税制，简化了征收手续，减少了征缴环节，破除了黄册、图册的权力寻租弊端，调节了社会关系，缓解了社会矛盾，保障了国家的财政收入。“一条鞭法”的广泛实施缓和了趋于尖锐的阶级矛盾，对当时的生产发展起到了十分关键的推动作用。此制度使得原本没有土地的人不用纳税和服役，意味着只要有银钱，就可以免除力役，使得百姓有了一定程度上的人身自由，有利于商人、农民和雇工谋生，因此出现了许多舍本逐末的人，明中期的商业和城市随之呈现繁荣景象。这种追求物质财富和商业上的成功的思想成为明中晚期的重要文化思潮。当商品经济及资本主义萌芽显著发展之时，得其天时、地利，江西的水稻、景德镇的瓷器、广信府的铜、铅山的竹纸等都因之远近闻名。这也为农业提供了良好的发展环境，农业取得了极大的发展。农业和农村生产力的发展提高，也为手工业领域提供了充足的原材料和商品市场，促进了纺织业、瓷器、采矿、冶金及金属加工业、造纸业、印刷业等各行各业的发展。随着农业、手工业的日渐成熟以及社会物质财富的不断积累，涌现出了大量进入市场流通领域的商品，以商品经济为中心的生产加工方式贯穿了各个行业和生活中的各个领域。

到了明朝中晚期，社会经济有了快速发展，农副产品和手工业产品生产有了大幅度提高，驿站数量增加，道路交通更加便利，大小城镇雨后春笋般兴起，百姓的消费水平提高，这些都促进那些贩运商人向定居商人发展。拿地区商帮来说，徽商虽在晋朝以后就渐渐形成了经商的习俗，但在明朝以前，徽州商人还是以散兵游勇居多，没有形成一个强有力的、影响很大的商业集团。也就是说真正的徽州商帮还没有诞生。一个人口规模大、资金雄厚且颇具特色的徽州商帮真正形成是在明朝，尤其是明中晚期。随着经营范围的逐渐扩大，财富不断积聚，商业也就越来越发达，便造就了如晋商、徽商、闽商等一大批的富商巨贾，也衍生了明朝中晚期奢侈的消费风尚，“炫富”成为财富拥有者显示自身社会地位的一种方式。永不满足地追求物质财富成为明朝中晚期人们的主要信念，士人阶层亦纷纷投入行商行列，“高下失均，锱铢共竞”的商业文化终于打破了明初“诈伪未萌，讦争未起”的社会秩序。本末关系的发展经历了明初的“本重末轻”，至明朝中晚期终于形成了“末重本轻”的局面，出现了“末富居多，本富尽少”的社会财富分布状态。

明朝商业从兴起、繁盛到衰落，虽是昙花一现般的存在，但也使得当时社会经济发展水平超越了以往的各个朝代，商业发展极其繁盛。宋应星生活于手工业成熟、商业发达、政治腐败的晚明时期，他的思想和著作深受当时宗教礼俗、商业文化的影响，在封建制度急剧衰败，资本主义开始萌芽，商品经济发达的时期，他见证了新的生产方式的产生，他著作中记录的工艺代表了中国封建社会在那个时期的生产力水平。

3. 百姓日用为道

何谓百姓日用？

百姓日用指百姓日常生活行为、使用的各类器物及各类生产实践活动。儒家经典《周易·系辞》中最早提出了“百姓日用”的观点，道是圣人、君子所为，与百姓无缘，即便百姓天天在运用这个道理，却不知道有这个道理。宋明理学更是将圣贤与百姓作了区分，这一现象直至平民出身的王艮，突出了“身”的本体特征，强调“身”才是人生存的物质基础。这种对“身”的肯定，实质上就是对“百姓日用”人欲的肯定。在王艮的思想体系中，人的“身”才是“天地万物之本”，也是“治天下之本”，因而提出了“百姓日用即道”的思想。

王艮及其“道”观

王艮简介

王艮，生于明宪宗成化十九年（1483），卒于明世宗嘉靖二十年（1541），原名银，字汝止，号心斋，明中叶泰州安丰场（今江苏东台）人。他是一位颇具传奇色彩的人物，出身盐丁之家，尽管仅受了四年的童蒙教育，但在这四年的学习中，儒学经典却对他产生了极大的影响。在他 29 岁那年，得一异梦使他启悟了“万物一体，宇宙在我之念”的心学思想，他试图以此来启迪下层劳动群众的自尊、自立、自救意识。后来他不断地结拜良师益友，接受了王阳明心学的基本思想，但没有因循师说，而是在继承和批判相结合基础之上，酝酿并构建了自己的学术体系，创建了自己的学派——“泰州学派”。他最终成为名噪一时的讲学大师，其思想在晚明思想史上占有举足轻重的地位，他开创的泰州学派也成为明朝王门后学中影响最大的流派之一，为中国思想史发展演进作出了巨大的历史贡献。

王艮“道”观

王艮曾提出：“圣人之道，无异于百姓日用，凡有异者，皆是异端。”“百姓日用条理处，即是圣人之条理处”这句话中的“道”是指在日常行为中表现出来的不假思索、不用安排、十分自然的简易直接的方式。“百姓”是指“愚夫愚妇”“僮仆”一类的人，也就是以农民和手工业者为代表的广大劳动群众。圣人之道即广大劳动群众穿衣吃饭，只有合乎百姓日常生活需要的思想才是真正的“圣人之道”，否则就是“异端”。

王阳明说过“良知良能，愚夫愚妇与圣人同”，甚至说圣人的“良知良能”“与愚夫愚妇同的，是谓‘同德’，与愚夫愚妇异的，是谓‘异端’”。但是这不过是对儒家先验的因袭而不是实际上的“性善论”的人性平等。针对王阳明的观点，王艮则反复强调“百姓日用条理处，即是圣人之条理处”，这里把“百姓日用条理处”作为“圣人之条理处”的源头，换句话说，圣人的有条不紊的学术系统是源于对“百姓日用条理”的总结，因此“圣人之道”，无异于“百姓日用”，离开“百姓日用”，圣人将无所作为。从这一点出发，王艮认为，人的良知在日常生活中从形式上就表现为不假思索、不用安排的行为。

王艮的“百姓日用之学”，在理论形式上继承了古代儒家的传统和王阳明的“良知”说，而在实际内容上又对正宗儒学进行了不同程度的改造，其思想反映了平民的要求和特点。要知道，“圣人”与“百姓”在古代儒学里是有着严格的区别的，王艮提出的“百姓日用即道”，突破了传统“道”是“君子之道”的认识，拓展和丰富了“道”的内涵及形式，形成了颇具独特性的“百姓日用即道”的思想。王艮的这一思想，无疑代表了平民百姓的精神利益。他将百姓的日常生活提升到了“道”的层面，将被传统儒家神圣化的“道”拉到了人间，使之与平民大众的生活融为一体。

宋应星对百姓日用即道观念的理解

宋应星关注百姓日用，强调日常所用。他在《天工开物》一书中，聚焦普通百姓用物与造物，记述了农用工具、衣料染织、金属铸锻、陶瓷砖瓦、造纸、交通工具、珠宝琉璃等七大类的相关工艺，几乎涵盖除漆器之外造物的各个方面，其中最重衣食，将“乃粒”“乃服”置在全书的最前面，重点叙述谷物的种植及加工、丝织技术、五金及加工、车船制造、陶瓷砖瓦制作等，对贵族阶级所用的物品则简单叙述。其次，书中还批评一些满口“治乱经纶”的学者，文中言：“乃杼柚遍天下，而得见花机之巧者，能几人哉？治乱经纶字义，学者童而习之，而终身不见其形象，岂非缺憾也？”《天工开物》没有森严的伦理等级规范，主要记述技术、分工、生产的发展痕迹，追求“呈效于日用之间”的造物实用性，并感叹重视发明此类器具的人。《天工开物》关注与民生日用密切相关的造物，并且对不“呈效于日用”的造物提出质疑，如认为釜、鬵、斤、斧的实用价值大于黄金，德化窑烧造的瓷仙、精巧人物、玩器不适实用。功用是器具之所以作为有用物而存在的最根本的属性。如水碓有“一举而三用者”，可用于磨面、舂米和灌田；犁可用于翻耕稻田、畦盐池、翻土拾铁锭等。多物一用的情况，如稻田的灌溉依据地理环境选择不同的水利器械，“河滨有制筒车”“湖、池不流水”用牛力转盘水车，“浅池、小浍”用拔车；刨平木料根据需求可使用推刨、起线刨、蜈蚣刨等。明朝末年，机械的八股和空疏的理学，弥漫整个学术界，而宋应星却认为“事物而既万矣，必待口授目成而后识之”，强调观察、试验的重要性，注重实践。

王艮出身贫寒，却一心把任道成圣作为自己的终身理想，将百姓作为思想的核心，认为百姓的日常生活才是“道”，这一观点为晚明社会的发展奠定了思想基石。“道”就蕴藏在百姓日用事物中。宋应星提出“效于日用”，认为工艺造物最基本的目的是满足广大百姓日用所需。《天工开物》所蕴藏的注重日用的造物价值观是晚明文化思潮的表现，是历史文化积淀的结果。

4. 匠人服役制度改革

工之子恒为工，农之子恒为农，中国古代的匠籍制度极其严苛。工匠地位低下，匠籍代代相传，一旦进入匠籍，便世代不得脱籍，这一管理制度，终于在明朝得以改变。明朝匠户管理机制继承元制，后又在元制的基础上进行改革，主要采用轮流工作的制度，或者给朝廷交一定的银两，由朝廷雇佣其他工匠代役，匠户制度的改革使工匠摆脱了与朝廷之间过于紧密的人身依附关系，工匠们更加自由，这为明朝商业与手工业的发展提供了必要条件。

明朝户籍

《说文解字》注释，“户”是单扇的门。相对而言，房子外面的大门被称为“门”，而房子里面小屋的门则为“户”。后来“户”的词义扩大，泛指门。因此，“户”和房子有着必然的联系，房子又对应于住家、家庭、家族，因此“户”可以用来表示人家，例如《易·讼》中所记载的：“其邑人三百户。”直至现代，人们依然用“户”来作为计量家庭的单位，“门当户对”中的“户”指的便是家庭，引申为门第。同时，“户”对应于房子，不同行业的人做生意通常都有铺子，铺子有门面，因此亦可用“户”来指称一定职业的人，例如商户、农户、猎户、养猪专业户等。户口包含两个概念：以家为户，以人为口。

户籍为登记户口的簿册。中国最早的户籍制度建立于战国时期，秦国曾实行五家为一保，十保相连，一人犯罪，十保连坐的制度。秦统一六国后，在全国范围内推行户籍制度。汉承秦制，并将户籍制度加以完善。汉代每年八月都要进行一次全国人口普查，以作为征税、派役、征兵的依据。唐代，户籍制度得到进一步完善，其户籍登记已经相当详细，一家之中的男女人口、年龄、土地、财产情况都登记造册。后来历代基本上都沿用唐代的户籍制度。一个政权掌握的户籍数据越详细，天下就越透明，统治也就越稳定，因此，统计天下户口，修造版籍为历代王朝皇帝要做的重要事情。

户籍档案具有一定的继承性，如若前朝规则设置完备，资料保存完整，则能使后世户籍工作相对轻松。然而，元代采用的“诸色户计”的户籍体系，以繁复著称，大明王朝难以全盘继承，若彻底抛开另起炉灶，难度也极大。两难之下，为了尽快稳定社会政治秩序、恢复农业生产和发展，使“田野辟，户口增”，明太祖朱元璋下令：“户口版籍应用典故文字，已令总兵官拾取。其或迷失散在军民之间者，许令官司送纳。”（《皇明诏令》卷一）。洪武二年（1369），朱元璋又下诏：“凡军、民、医、匠、阴阳诸色人户，许以原报抄籍为定，不得妄行变乱。违者治罪，仍从原籍。”即继续沿用元代“诸色户计”的户口分类管理方法，按职业的不同，将户籍划分为民籍、军籍、匠籍、灶籍等。“诸色户计”的本质其实就是“全民服役”，每种户籍必须承担不同的赋役。户籍制有利于国家强化社会控制，保证国家专类役户的稳定和合法的役使。洪武三年（1370）十一月，朱元璋命令进行户口的登记工作，“核民数，给以户帖”，在全国全面推行户帖制度。洪武十四年（1381），明朝统治者“诏天下府、州、县编赋役黄册”，推行户籍黄册制度。但在明朝中期以后，日久弊生，户籍黄册制度遭到了严重的破坏。为了保障国家税收稳定，明廷于万历九年（1581）推广“一条鞭法”，即“总括一县之赋役，量地计丁，一概征银，官为分解，雇役应付”。“一条鞭法”简化了税制，弱化了对农民的人身控制，促进了农业和工商业的发展。明朝中期以后，随着“一条鞭法”的顺利实施，商品经济逐渐兴起，职业户籍制度管理也慢慢松动。

匠人服役制度及变化

明朝实行匠户世袭制。《明史 · 食货志二》记载，明初匠户采用“住坐”和“轮班”两种服役形式。轮班工匠归工部主管，其轮换服役的时间是这样规定的，“旧例木匠等匠五年一班，瓦匠等匠四年一班，

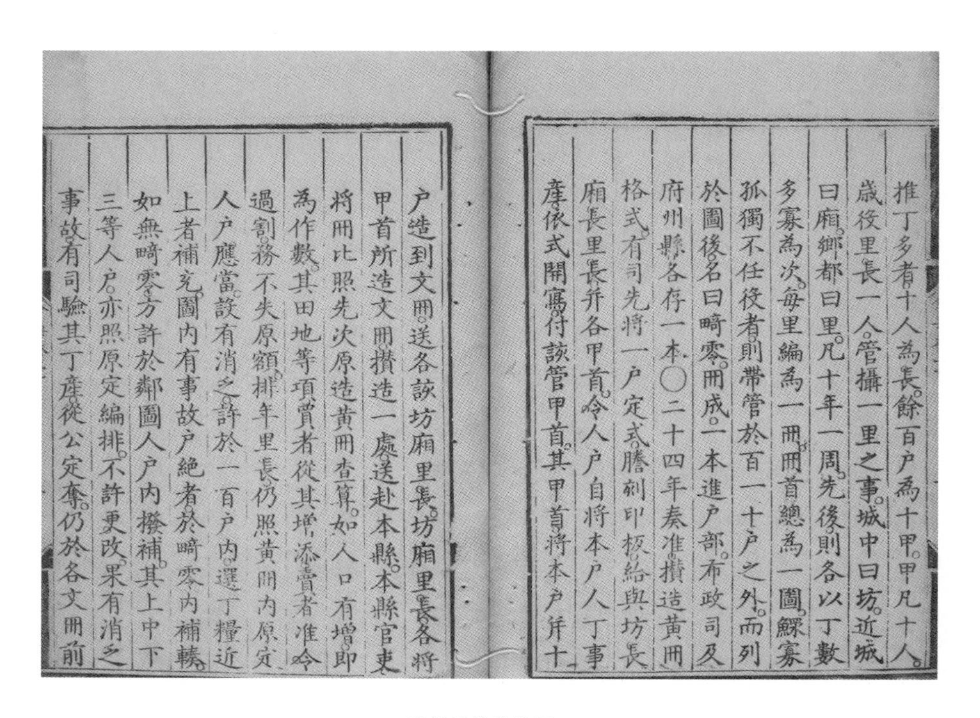
推丁多者十人為長餘百户為十甲甲凡十人
歲役里長一人管攝一里之事城中曰坊近城
曰廂鄉都曰里凡十年一周先後則各以丁數
多寡為次每里編為一册册首總為一圖鰥寡
孤獨不任役者則帶管於百一十户之外而列
於圖後名曰畸零册成一本進户部布政司及
府州縣各存一本〇二十四年奏准攢造黄册
格式有司先將一户定式謄刻印板給與坊長
廂長里長幷各甲首令人户自將本户人丁事
産依式開寫付該管甲首其甲首將本户幷十
户造到文册送各該坊廂里長坊廂里長各將
甲首所造文册攢造一處送赴本縣本縣官吏
將册比照先次原造黄册查算如人口有增即
為作數其田地等項買者從其增添賣者准令
過割務不失原額排年里長仍照黄册内原定
人户應當設有消乏許於一百户内選丁糧近
上者補充圖内有事故户絶者於畸零内補輳
如無畸零方許於鄰圖人户内撥補其上中下
三等人户亦照原定編排不許更改果有消乏
事故有司驗其丁産從公定奪仍於各文册前

明朝军籍黄册图

土工等匠三年一班，石匠等匠二年一班，黑窑等匠一年一班。景泰六年，因为建言归并，一概俱作四年一班”，每次服役时间三个月。与轮班匠需要定期前往指定地点服役不同，住坐匠除了在固定地点应役外，还需要轮流承担繁重的解运任务，不仅费时费力，手续又极为繁琐，既是人员和物资的长途旅行，也是文书的长途旅行。

直到明朝中期，开始出现“以银代役”。该做法中最重要的是成化二十一年（1485）题准的班匠以银代役的规定。《工部二十一》载：“嘉靖七年题准：江西、湖广、河南、山东地方不善织造，令各折价。”由此可见，住坐以银代役的做法，只限于江西、湖广、河南、山东等“不善织造”之地。然而，其余各省织染局主管的机户，虽然到嘉靖年间仍不许以银代役，却可雇人代役。通过雇人代役的方法，这些住坐匠至少可以暂时、部分地从明王朝的工匠管理控制下脱身而出了。这一匠人服役制度的改革使得工匠对朝廷的人身依附关系变得松弛，工匠也具有了一定的人身自由。

匠籍改革对明朝商业、手工业的影响

明朝匠籍制度的改革，放宽了对工匠的人身限制，工匠因此获得了一定的人身自由，有更多的时间和精力从事工艺制作，成为半自由的手工业者。这有力提高了工匠的生产积极性，促进了明朝工艺制作技术的提高与工艺创新。

明朝前，工匠多是无名的加工者，极少能够因造器而留名。但是明朝却在各个造物领域出现了一批造物名匠，因“技近乎道”而备受尊重，体现出明朝对于技术的重视，明朝匠人的社会地位明显提高。如活跃于万历年间的徽州府歙县制墨名匠程君房，在当时就有“一两黄金难易一两程墨”之说，他所制作的墨，作为中国珍贵墨品，墨上印有程君房姓名、字号，至今仍然保存于安徽中国徽州文化博物馆中。这种产品上印有制作工匠名号的做法，在明朝之前的诸个朝代是难以想象的。从明朝时的笔记可以看出，明朝中晚期的知名墨工，与社会名流交往密切，其社会地位之高，可略见一斑。而具有这样的社会地

明朝工匠工作图

位并在造物史上留下浓墨重彩的工匠还有时大彬、李仲芳、徐友泉三位壶家妙手，嵌螺钿漆器的专家江千里，等等。这一批匠人在明朝中晚期的商业浪潮中，大展身手，技艺逐渐精湛，获得了名气和利益，也因此激发工匠们更加执着地钻研技艺，不断创新，这也成就了明朝中晚期各项工艺造物技术走向全面的成熟与繁荣。

宋应星
与
《天工开物》

第二章
生存之乡与宋氏宗族

一、奉新县宋埠镇牌楼村

牌楼村的自然环境及资源

宋应星，字长庚，于万历十五年（1587）出生于江西省奉新县宋埠镇牌楼村。

江西省奉新县是赣西北的一个小县，位于省府南昌之西，距省府约 71 千米。奉新历史悠久，春秋时属吴，战国时属楚，秦时属九江郡，汉初属豫章郡。今天的奉新县与安义县、高安市、宜丰县、修水县、靖安县毗连，总面积 1642 平方千米。奉新县地理轮廓东西长，南北窄，呈“一字形”；三面环山，地势西高东低，山地丘陵占到全县总面积的 74%，是一个典型的山地县区。奉新四季分明，降水丰沛，属于亚热带湿润气候。奉新水源丰富，潦河水流自西向东横贯境内。潦河又称“上缭水”，奉新境内又名“奉新江”“冯水”，在安义县、永修县境内，潦河又有“海昏江”之称，为修水一大支流，水道分布于奉新、安义、靖安三县及高安市一部分。潦河长148千米，集水面积433平方千米，由南潦河与北潦河汇合而成，南潦河为干流。丰富的水力资源，为奉新县水路运输及农业灌溉提供了便利条件。奉新地区温润的气候、充足的降水，极有利于农作物及其他植物的生长，并由此出产优质的竹木材，棉、麻材料等；丰富的水力资源，使县域境内外物资运输极为便利。良好的自然环境为奉新的造纸业、纺织业、酿酒业、砖瓦烧制业等传统手工艺行业的发展奠定了必要的物质与运输基础。奉新县的物资都在潦河汇集，出长江，然后销往全国乃至世界各地。这里要强调的一点是，2009年中国第六大考古发现——江西高安市华林宋元明时期造纸作坊遗址，距其北面的奉新县仅有50千米。

宋应星家乡奉新县宋埠镇牌楼村

据历史文献记载，奉新的手工业、商业都不是十分发达，但是奉新起伏的山峦、遍布的溪流、丰富的水资源，为生活在这片土地上的人们提供了丰富的自然物质财富。乡村随处可见的筒车、水碓、水车，长势茂盛的漫山竹材，县域遍产的杉树、松树、樟树等用材林，油茶、棕树等经济林，以及桃、李、板栗等果林，都为宋应星《天工开物》的撰写提供了丰富的素材。《天工开物》是中国第一部将农业与手工业，外加生产技术汇聚于一处的百科全书，其涵盖面之宽，内容之丰富，描写之详实，堪称中国古代科技著作的经典之作，被欧洲学者称为“十七世纪的工艺百科全书”。它成书于崇祯八年至十一年间（1635—1638），是宋应星通过对晚明农、工两业的实地考察所完成的技术性记录与总结。通过对这本著作的解读，我们不仅能够对晚明时期中国的农、工两业生产工艺及生活器具有较为直接的认识，而且对著作中所折射出来的有关明朝的文化变迁也将有更深入的了解，其中所反映出的思想就来自宋应星的宗族和他生活的时代、他个人的学习与社会生活经历。

据八修本《宋氏宗谱》文中记录可知，现在的宋埠镇即今之奉新县宋埠镇，是宋氏宗族的先祖宋钊，为躲避隋末战乱而自河南搬迁至新吴县北乡的第一站，迁入之后，宋氏先人就在此营建家园。宋埠镇位于奉新县东北部的平原地带，东、北分别与安义县石鼻镇、黄洲镇、乔乐乡接壤，南与赤田镇相连，西接县城，镇域面积达 86.3 平方千米。境内气候湿润，春夏两季降雨量较大，土地肥沃，地势平坦，以平原为主，间或小的丘陵点缀其间，大大小小的村落星罗棋布，田园遍野、阡陌纵横。南潦河沿宋埠镇北边流过，将宋埠镇与安义县分开。明、清时期，其境域为北乡，位于宜春地区潦河雅溪段南岸。北乡宋氏宗族在明朝是当地名门望族，宋氏宗族先祖迁入该地后，经过数十代近千年的艰苦奋斗，终将这一贫瘠之地变成了富庶的鱼米之乡，此处盛产稻米、棉花、油菜籽、花生、荸荠、茶叶、鱼虾等。

自明以来，宋埠镇商贾云集，贸易兴盛，因在邑中居于首位，故也成为历代兵家必争之地。该镇交通便利，人们搭载木帆船顺着雅溪，可直达永修县城和吴城。

宋钊后人福五，后来搬迁至城头山下的张家庄，至明初，福五后四世仲端开创新居，搬迁至今之奉新县宋埠镇牌楼村。牌楼村的命名源自宋氏宗族引以为荣的宗族发展历史，与同时代搬迁过来的其他姓氏宗族不同之处在于，宋氏宗族在开辟新家园的同时，注重子孙后代的文化教育，成为该地区鲜见的山村中的耕读之家。世世代代的辛苦劳作与灯下苦读换来了丰硕的果实，宋氏宗族后人进士频出，村中建有多座牌楼，以兹表彰。家中拥有大量土地，雇请大批长工从事耕种。现在村中最西面主干道上还保存有“进士第”和“三代尚书”两座牌楼。

“三代尚书坊”

每每有外地人进村，宋氏宗族的人都会引以为傲地主动介绍牌楼村名的由来，如数家珍般将宋氏宗族中为宗族带来荣耀的先人的事迹一一道来，并热情地将客人带至两座牌楼底下参观。牌楼村位于宋埠镇东的城头山左侧，整个村庄坐东向西，房屋朝向十几千米开外的华林山，背面十千米处是西山，因此宋氏后人有“面对华林，背倚西山”之说。经过近几年的建设，村庄四周已修有宽阔的水泥公路，改变了过去一下雨就泥泞的乡村道路状况，整个村庄整洁有序，交通出行更加便利。一年里早晚两季的水稻田环绕村庄周围，呈现出一派屋庐田舍栉比，鸡犬之声不断，人烟辐辏的田园风光。傍晚时分，袅袅炊烟升起之际，老人们在自家门口倚椅而坐，夕阳的余晖洒在老人的脸上，宛若油画一般，呈现出一份远离尘嚣的安详宁静之美。

该村紧靠潦河，虽可常观潦河新景，但是潦河水的不定期泛滥引发的洪涝灾害，也给村人带来许多烦恼。为了防止村中水流过急冲毁农田，也为了族人日常用水方便，宋应星祖母顾氏亲自设计并开挖了一条由东向西流去的小河，以人工之智改变了该河流的流向。直至今日，宋氏宗族后人仍然在这条小河边洗菜、洗衣，享受着先人智慧所带来的生活的便利，秀美的小村洋溢着人与自然和谐共处的祥和气氛。从宋氏宗谱来看，现在牌楼村的宋氏后代大部分是仲端的子孙，其中以惟林子孙为多，惟明子孙较少。宋氏宗族的祭祀活动与民俗生活十分丰富，其活动及组织都以宗族为中心进行统筹安排。透过一系列的祭祀与民俗活动可以发现，宋氏宗族的神祇信仰具有天地神、人格神、祖先鬼神信仰的多重性。如庆丰收的宗族狂欢，时间安排及主题意义都体现出农本的思想；关注子嗣绵延，宗教信仰意识与族内的民俗生活仪式具有统合全族的社会功能。仲端开基以后，宋氏宗族人口不断增长，开枝散叶，族人不断开建新的村落，陆续在周边形成36个宋氏村庄，简称“三十六宋”，开垦出数以千顷计的良田，并构建了相应的水利设施，如水渠、水塘，提水工具如筒车、牛车、拔车等，直到中华人民共和国成立，该地区的人们还在从事养蚕、纺纱、织布、种麻等农业工艺性劳作。宋氏宗族逐步壮大，人口已从宋末的福五公一人繁衍到如今的一万多人，其中牌楼村近两千人（含旅居外地人口），村民以农业作为主业，农作物仍以水稻为主，兼种油菜、花生等，后人同时兼营他业，士农工商，各界都有任职，其中科技人才较多。

奉新县宋埠镇牌楼村是宋氏宗族的发祥地，也是宋应星的故乡，除了外出工作的几年时间外，宋应星一生大部分时间都在此地度过。牌楼村的一草一木、宗族的祭祀仪式、家训家规、族人及家人的生存状态、民俗民风无一不影响着宋应星的思想，宋氏宗族的发展历史是宋应星思想形成的现实基础之一，这一思想在《天工开物》中都得以体现。

二、宋氏宗族

宋氏宗族的发展历史、兴衰荣辱与明朝的发展兴亡休戚相关，既发轫于明初的惠民政策，得益于明王朝所赐予的荣誉与官僚阶层的社会地位，亦败落于晚明的政治腐败与严苛重税的民间搜刮，其宗族的演变史与明朝的发展史高度契合。

1. 宋氏祖先及其迁徙发展

宋氏宗族源远流长，宋氏祖先较可信的说法是从《宋谱》“世系图”和“行略表”中所说的从宋福五开始，《宋谱·八修宗谱序》中有“雅溪宋代之谱列福五公为第一世祖宗”之说，雅溪宋氏把宋福五定为始祖。据八修本《宋氏宗谱》“新吴宋氏世系沿革致正”与“江西省奉新宋氏世系致略”记载：“宋”之姓氏源自约公元前1603年，周封微子启于宋地，称宋公。宋氏先祖居于周时宋国都城——睢阳，即今河南省商丘市睢阳区。直到后汉九江郡守宋均十四世孙宋钊时，隋代战乱，举家搬迁至西南新吴，即今奉新。迁入之后，宋氏宗族就在此营建家园，建有上巷、中巷、下巷三地，并于唐贞观初在中巷建了一井，起名“义井”，至宋庆历年间，因人口的不断增加，又经常遭受洪水的威胁，宋福五才举家迁到张家边。自唐、宋以来，宋氏宗族一直在奉新雅溪一带繁衍生息，后来虽也有迁至其他地方的，但宗族的主要成员仍然住在这里。

明初，明太祖制定并颁布了“归农复业”“重农减征”等一系列法律法规，大力发展农业，三世祖德浦抓住机遇，其宗族由此成为地主阶级，为后代的发展奠定了一定的经济基础。与当时地主阶层的其他宗族不同，宋氏宗族强调族中后人在耕种的同时要认真读书，并参加科举考试，使得宗族开始了向经营土地与读书入仕相结合的官僚地主阶层的演变。至明中期，奉新淮西八世祖宋景（1476—1547）在武宗与世宗两朝为官，在嘉靖三年（1524）任浙江按察佥事，升山西按察副使，后经四次升迁成为山西左布政使，又任南京吏、工二部尚书，改任兵部尚书，最后被召任左都御史。

明朝中晚期政治腐败，科考舞弊事件时有发生，宋氏族人走科考入仕的道路被彻底阻断；皇亲国戚土地兼并之风日炽，苛捐杂税日益沉重，人民生活苦不堪言。

2. 宋氏世系概况

据《宋氏宗谱》记载，宋福五是雅溪宋氏宗族的鼻祖，以务农为主，但在文学方面也有较丰富的知识。宋福五出生于宋代，先娶了胡氏，后来又入赘到熊家，生有两个儿子，分别是定五和定六。二世祖定五出任剑江驿宰，生有德浦、德澄、德清三个儿子；定六在艾邑经商，明洪武十一年，带着儿子德润迁居到艾邑厚冈，即现在的永修县宋家；德澄传至下一代断后，德清传至第十九代，住在景德镇，抗战后与家乡失去联系。现在居住在宋埠当地（含迁出）的宋姓人是三世祖德浦公的子孙后代。宋德浦是熊定五的儿子，他从张家边迁到刘家山，并私自恢复宋姓，此时他家已是一个富裕之家了，他娶徐氏为妻子，有四个儿子，分别是仲端、仲彰、仲刚、仲礼。四世祖仲端行一，开创了新的居住地，就是今天的牌楼村，娶了詹氏与简氏为妻，生有惟宁、惟清、惟明三个儿子；宋惟宁是宋仲端的大儿子，敦厚善良、深明大义，又富有智慧谋略。宋惟宁的儿子有宇昂、宇皋、宇春三个。宋宇昂善良仁慈，常常救济贫穷百姓，又擅长经营家财，家境比前代更加殷实。宇昂因为其孙宋景官至左都御史而受惠，在其去世后先后被封为奉政大夫、都察院右都御史、资政大夫吏部尚书。

宋宇昂有迪吉、迪嘉、迪荣、迪华四子。宋景是宇昂次子迪嘉的二儿子，是宋应星直系祖宗中第一个通过科举进入仕途的，官至南京工部尚书、南京吏部尚书、北都察院左都御史。他出生于明成化十二年（1476），殁于嘉靖二十六年（1547）。宋景是宋氏宗族由科举入仕的成功范例，因宋景通过科举而成为明中期朝廷重要的阁臣，给宋氏宗族带来了巨大的荣誉，使宋氏宗族步入官僚地主阶层，成为当地的名门望族。宋景育有五个儿子和三个女儿，五子分别是：垂庆、介庆、承庆、和庆、具庆。五子中，具庆早夭，因此成人的只有四个儿子。其中介庆、和庆皆进士第并出仕为官，但是因严嵩把持朝政，兄弟二人很快返回故里，此后和庆以教育子孙后代及管理家业为己任。承庆（应昇、应星的祖父）育有国霖一子（应昇、应星的父亲），后早逝。此时的宋氏宗族虽没有宋景时代的辉煌，但是祖辈、父辈遗留下的田产、地产、房产及宋景的政治声望仍能让家人过着大户人家的生活。

宋国霖是宋承庆的独子，嘉靖二十六年（1547），宋承庆去世，留下年仅十九岁的遗孀顾氏带着时年一岁多的宋国霖艰难度日。宋国霖原配为甘氏，又续娶王氏、魏氏，并育有四子。宋应昇、宋应星两兄弟是魏氏所生，家庭经济生活的窘迫给宋应星留下了深刻的印记。宋承庆早逝，万历六年（1578）发生了一场大火，家庭人口众多，明中晚期赋税过重，再加上宋国霖在家庭经济收入方面并无多大的贡献，种种因素使得这一宗族如中晚时期的明朝，由盛转衰，家道中落。

3. 宋氏宗族的族训家规

国有国法，家有家规。族训家规源自古代中国人民的日常生产生活实践，每个宗族家庭的族训家规都具有强大的且无可替代的教化作用和凝聚作用，具有形象性、哲理性和浓厚的感情色彩。虽然族训家规并不具备一定的法律强制性，但却有着重要的道德舆论约束力，可以对族中之人的行为举止起到引导和制约的作用。族训家规一般主要涉及宗族成员的举止行为、交友治家、为人处世等多个方面。宋氏宗族对族人在生产活动、婚嫁、为人处世等方面都有严格的要求，这可以从清道光十一年（1831）农历七月公立族训窥见一斑。该族训家规总结起来共 16 条，涉及对待家人的态度、处理社会事务的原则、教育子弟的要求等多个方面，归纳起来分别是：重视仁孝、重礼让、重祭典、要勤俭、要加强个人品行修为、要重教育、别内外、严婚嫁并爱护配偶、主持公道、强调有用的实实在在的学问、禁止赌博、主仆名分清晰、不准溺亡女婴、惩罚窃匪、戒淫祀、重视子孙后代的培养。该族训虽立于道光年间，不是在明朝时所定，但是从宋氏宗谱所录明时期“先祖传”“恩荣类”，仕宦及族人所留下的明时著作所表达的思想来看，总体反映出宋氏宗族自明初至清道光年间一贯的思想作风。

族训家规中的儒学与宋学思想

古代中国受儒学思想影响最为深刻，上至统治者，下至平民百姓都受到儒学的长期浸染，宋氏宗族族训家规经过多次修订，从上文中，道光十一年（1831）所定族训便不难看出其中所包含的儒学思想。又因明朝中晚期社会的转型以及商品经济的发展等因素，出现了各种与理学相悖的学说，涌现出许多实学家，他们所宣扬的实学思想在民间广泛传播，并在明、清时期发展到高潮，因此宋氏宗族族训家规中也反映出实学思想。

宋氏宗族的族训共16条，以儒家学说的“仁、义、礼、智、信”为主旨，分别涉及了对先祖的尊崇、宗族内部的礼让、族中婚姻嫁娶、个人的修行、主仆的等级名分、祭祀风俗，等等。古代中国，“忠孝”是每个人必须具备的最基本的品格和修养。因此，古代家训宣教忠孝思想的情况非常普遍。孔子说“孝悌之至，通于神明，光于四海”，可见把孝悌置于崇高的地位。明朝各阶级深受儒家思想的浸染，儒家思想对其家庭结构和关系产生了深远影响。儒家十分重视家庭，强调牢固的家庭关系，要尊重长辈，强调孝道的重要性。宋氏宗族的族训把孝悌作为家法的基础，这在中国古代的族训家规中是十分典型的。在中国古代，孝是处理家庭伦理的道德和行为准则，忠是处理国家政治的道德和行为准则。孝悌是世人立身行道的开始，尽忠是事君的基本要求。

“仁”是仁爱、仁慈，仁者爱人，“仁”最初的含义为人与人之间的一种亲善关系，是“己所不欲，勿施于人”的爱。宋氏族训中没有哪一条明确提出“仁”，但“仁”却贯穿其中，首先孝悌就是“仁”的根本，禁止溺女婴、惩戒窃匪、禁止过度祭祀也是仁。“义”指公平正义、坚守原则。“君子喻于义，小人喻于利”，君子待人接物以道义为基本准则。宋氏族训中强调主持公道来平息争讼，不以人为标准，凡事均以道义为准则。“礼”是周礼，作为重要的儒家思想，对维持社会的典章制度和道德规范有关键作用。“礼”不仅仅指人们外在的行为礼节，更指内心深处的约束以及对欲望的克制，“礼”要求人们的言行举止要符合自己的身份地位，这不单纯是一种封建等级的观念，更是一种道德和行为的规范，使人与人之间能够和谐相处。宋氏宗族族训提到的“一寻礼让以睦宗族”是儒学中“礼”的体现。儒学中的“智”不单是知识、智慧之意，更是指人要有明辨是非的能力，知道什么是对，什么是错，什么样的言行举止才是“仁义”的，是符合“礼”的要求的。正如宋氏族训中提到的“一务勤俭以丰衣食；一戒非为以修品行；一禁赌博以绝匪类”等，智者明辨是非对错，践行“仁、义、礼、智、信”。“信”意为诚实、讲信用、不虚伪、坚定可靠，做人讲信用才能有一番成就，要做到诺不轻许，不要随便答应别人事情，答应之前要先从自身考虑，看自己能否实现，答应了就一定要做到。诚信是为人处世必须遵守的一点，但是儒家的讲信用是要符合五伦之义，即君臣之义、父子之义、夫妇之义、兄弟之义、朋友之义，有一定局限性。

明朝中期以后，社会矛盾日益凸显，人们的思想也随之发生了很大变化，原来占据统治地位的程朱理学在此时已经出现严重僵化，于是便出现了王艮的“泰州学派”以及李贽的“异端”学说等。这些学派的学说各不相同，但是却都表现出反对理学的倾向，他们强调“经世致用”的日用之学，也就是实学。实学是一种以“实体达用”为宗旨、以“经世致用”为主要内容的思想潮流和学说。宋氏族训中“一戒溺女以葆大和”便是对当时民间较为普遍的溺女婴行为的禁止，还有惩戒窃匪、戒淫祀、禁赌博等。宋代族训强调教育的重要性以及“一储实学以备体用”，明确强调实学的重要性。

中国的实学思想肇始于宋代，明、清时期发展到高潮，它既是儒家思想发展的阶段性理论形态，还是中国古代思想向近代思想转变的一个关键点。宋氏宗族族训家规中所体现出的儒学和实学思想与当时所处的社会环境密不可分，其所传递的观念对宋应星的著作和思想更是有着深刻的影响。

族训家规对宋应星思想的影响

明朝中晚期处于社会转型期，随着商品经济的发展壮大，市民阶层也在不断扩大，资本积累开始出现。经济的发展自然而然引起人们思想和价值观的变化，儒学思想在此时期渐渐向平民化的方向转化。如上文提到的王艮，“百姓日用即道”便是王艮平民化儒学思想中最核心的要素，也是使得王艮的泰州学派学说能迅速在普通百姓中传播的原因。宋应星博览群书，遍读儒家经典和各类史学典籍，也读过不少实学家的著作，诸子百家学说无所不读。他的思想理念深受“格物致知”哲学思想的影响，他主张通过观察、实验和推理来认识自然规律。宋氏宗族族训家规对宋应星的影响，无疑也是当时儒学和实学对其的影响。儒家强调“经世致用”，实学的迅速发展又自然而然使得宋应星在《天工开物》中表现出实学的观念。实学主张实践至上，以自然科学为基础，鼓励追求现实的利益，致力于实干和实践，以实用性为主。宋应星走遍全国各地，切实从实践现实出发，经过深入观察、实践，去感受各种工艺技术。他用行动探真知，用语言表思想，才著成《天工开物》一书。

宋应星的科学方法论强调实践与理论的结合，为中国的科技发展提供了宝贵的思想指导。族训家规对宋氏族人产生了重要的影响，宋应星在《天工开物》中所表现出的实学思想、蕴含其中的等级观念及言辞之中折射出的信仰体系，既反映出其所生活时代的特点，也不可避免地有其宗族所带来的多方面影响。

宋应星
与
《天工开物》

第三章
宋应星其人

一、家国情怀

家国情怀是指一个人对自己的家庭和国家产生强烈情感依恋和认同的情感体验。这种情感包括了对家庭成员、文化传统、历史遗产以及国家、社会、政治和文化身份的深切关怀和热爱。家国情怀反映了一个人对家庭和国家的忠诚和责任感，以及对家庭和国家繁荣和福祉的关切。家国情怀承载着多重内涵和价值，首先，强调了人际关系的重要性，强化了家庭和国家的凝聚力；其次，有助于维护一个国家、民族的文化传承和认同，促进社会的和谐与团结；最后，家国情怀也激发了人们对社会责任和公民义务的关注，推动个体积极参与社会发展各项活动。

1. 诚意、正心、修身、齐家

宋应星的家国情怀与《礼记·大学》中的“诚意、正心、修身、齐家”有着紧密的联系。作为明朝著名的科学家，宋应星的一生不仅有着卓越的学术成就，还有他对家国的深厚感情和对“诚意、正心、修身、齐家”的坚守。“诚意”强调真诚，强调为人做事的诚实，这与宋应星撰书的态度密切相关。他坚信，只有真诚面对科学问题，才能找到真正的答案。“正心”则要求保持心灵的纯净和正直，这一品质在宋应星的学术探求中得到了充分体现。“修身”意味着个体的自我修养，宋应星的学术成就不仅仅来自知识的积累，也有他对实学思想的自我坚守、学术道德品质的严苛要求。宋应星努力平衡家庭与事业之间的关系，保持家庭的和谐幸福。只有自身具有良好的品德，才能完成自我的修养，家庭才能整饬有序，国家整体才能安定和繁荣。先国家安定繁荣，后天下得以平定。

宋应星画像

在经历了连续六次的科考失败后，44 岁的宋应星毅然决然地转向了实学研究，“实学”，指在现实生活中使用到的有用的技术与知识。宋应星对与民生福祉相关的问题非常关注，他在天文学和气象学方面的研究旨在为防止饥荒和维护人民生计提供科学依据，体现出他对国家和人民的深度关切。在任职教谕的几年中，宋应星完成了一系列著作的撰写和出版，包括《天工开物》《野议》《怜思诗》《谈天》《论气》等。作为士人，宋应星怀着普济天下的理想和社会责任感，同时他也受到自身所处宗族、社会阶层以及社会文化的多重影响，这在他的著作中都有所体现，如他对百姓贫困生活的同情，在《天工开物》《野议》等一系列著作和文章中，宋应星表达出对普通民众的深厚情感，记录了他们的生产工艺，以便于生产经验的推广，同时也让外界了解到百姓造物的智慧，鼓励人们珍惜人力、财力和物力。如他对还魂纸再利用等案例的具体记录，充分表现出了宋应星自身浓厚的家国情怀和生态情结。

2. 治国、平天下

明朝士人群体已经带有市井商人的气质，并开始逐渐脱离传统读书人的本业，投身于商业及工商业以追求更多的经济利益，这也成为晚明时期大多数士人的生存方式。然而，即使在这种商业浪潮的冲击下，作为士人阶层的宋应星却是一股清流，他仍然坚守着普济天下的内心信念，始终保持着关心国家和民生的传统士人情怀。宋应星以“造福社会、造福人民”作为自己最高的道德追求，表达的是个人将造福天下苍生视作己任，致力于改变社会混乱和人民贫困状况的人生信念。在晚明时期社会普遍“重利轻义”的氛围中，宋应星并没有随波逐流，仍然坚守着传统士人的理想和信仰。

宋应星的治国、平天下的思想在政论文章《野议》中得到集中体现。《野议》是一篇万余字的关于国家政治和人民生计的文章，是宋应星面对明朝日益衰落、民不聊生的局势而有感而发，一夜书成。文章对政府的不作为、横征暴敛，王公贵族霸占民田等一系列社会不公、黑暗现象进行揭露，并针砭时弊毫无保留地提出自己的整改意见。文章多方面表现了宋应星对国家未来和人民生活等问题的深刻关切之情，但由于当时社会状况的持续恶化，明朝崇祯皇帝无力扭转国家颓废的趋势，在这种背景下，宋应星对生活在困境中的百姓深感同情，体现出了他的家国情怀。在《野议》中的《世运议》部分，宋应星阐述了社会发展的规律，指出社会的“乱”和“治”可以相互转变，强调个人应该发挥主观能动性来推动变革，以平天下，表达了以人为本的社会观。在《野议》中的《民财议》部分，宋应星表达了他对国家经济状况的看法，揭示了国家经济危机的成因以及解决方法，并主张官员应该了解民情，发展商业以增加产出，废除高利贷剥削，降低税收等，以此来激发农民的生产积极性，这些措施深刻反映了他对生活在底层的劳动人民的同情，从历史发展的角度看，宋应星的进步思想具有一定的价值。

同样，在宋应星的著作《论气》《谈天》《思怜诗》中，他通过详细探讨自然界有形和无形物质的生成过程，以及它们之间的辩证关系，揭示了自然界运行的基本法则，阐述了日、地、月的运行规律，并解释了日食和月食形成的原因，通过具体的历史事实反驳了封建迷信的天人感应说，体现了他的自然哲学思想。宋应星的思想和行动一直围绕着培养人的品性和对实际知识的重视，并以此来教育大众，反对空谈虚理的人，实现挽救国家和人民的目标。例如，《思美诗》的第一首诗中写道：“著作功高天不夜，应酬气爽日长春。”这里的“著作”指的是《天工开物》等著作，对于当时的国家和人民而言，这些科技著作是非常宝贵的，即“功高天不夜”。在“执鞭愿者追随往，渠在峨眉绝顶行”中，宋应星号召人们放下过去的虚妄理学观念，传达实事求是才能拯救国家和人民的理念，即便牺牲也在所不惜。

宋应星深受科举考试和族训家规等儒家文化的影响，再加上自身经济条件所面临的困境，这些因素与明朝晚期工商业的繁荣、法律的松弛，以及奢侈和僭越风气的盛行形成了鲜明的对比，也使宋应星与士人阶层、宗族意识以及他所处的时代产生了紧密联系，由此宋应星肩负起了心怀天下的社会责任，同时他也在文化变革时期坚定支持个人的自主意识，并强调农、工、商等各行各业从业者的平等地位和各行业的重要性，这便体现出了宋应星作为传统士人所具有的社会责任感与担当。

宋应星作为一位传统士人，他的家国情怀不仅是个人价值观的体现，也是对时代的积极回应，为后人树立了榜样，激励人们在面对社会问题和挑战时，秉持责任感和担当精神，为社会的进步作出贡献。

二、科举入仕之路

宋应星的曾祖父宋景，官至左都御史，明廷为了表彰宋景的功绩，封宋景的祖父宇昂、父亲迪嘉及其为三代尚书，牌楼村所建的“三代尚书坊”正是源于此。曾祖父宋景在明廷身居高位，给宗族带来巨大的荣耀，这对宋应星以及宋氏的后人都是极大的激励。直到现在，走在宋埠镇街头，问到宋氏后人有关先祖宋景的历史功绩，他们都可以娓娓道来。宋应星的祖父宋承庆，是中宪大夫，宋应星的父亲宋国霖，为邑庠（明、清时对县学的称呼）生。宋氏宗族先辈们优秀的仕途政绩，使得读书入仕、报效国家、光耀门楣一度成为宋应星的执着追求。

曾祖父宋景做官给宗族带来的巨大荣誉和财富让宋应昇、宋应星两兄弟自小就有了走科举入仕的志向，他们既要向国家效忠，又想通过考取功名光宗耀祖。为了参加科举考试，宋应星和哥哥宋应昇在他们的族叔宋国祚处完成了启蒙教育。宋国祚年幼的时候就博学多识，而且非常擅长诗词歌赋，在待人接物上非常宽厚，特别适合作兄弟二人的启蒙老师。参照宋应星侄子宋士元撰写的《长庚公传》可以看出，宋应星熟读四书五经等儒家经典，对宋代理学的四个学派了解得十分深入，而且他广泛阅读了先秦诸子百家书籍，为进入县学进一步学习打下了良好的基础。在结束族学的学习后，宋应星接着考入了县学，以秀才的身份学习。

万历四十三年（1615），宋应昇、宋应星及好友涂伯聚参加乡试，三人同时中举，应星第三名，应昇第六名。一家能有两兄弟同时中举是极少发生的情况，因此被人们称作“奉新二宋”。虽然此时应昇、应星已不再年轻，但是兄弟二人乡试的成功，给当时生活窘困的宋氏宗族带来了希望。也让两兄弟对自己充满信心，欢欣鼓舞。兄弟二人随即于万历四十四年（1616）参加会试，但未考中，而且随后的5次会试也都没能成功。接连的失败让宋应星坚决地离开了科举考试的道路。6次考试的失败，与明朝中晚期政治的腐败分不开。不仅如此，宋应星的政治思想、天人关系的思想，对政局的抨击都与当时的官方主流思想相悖，主考官看到这样的答案自然不会给高分。应昇、应星会试的失利，与朝廷政治腐败、时局动荡不安是分不开的。

三、弃功名、求真知

宋应星自幼聪慧，熟读经史子集等著作，很得老师及长辈喜爱，后考入奉新县县学为秀才。年纪尚小的宋应星有着自己的见解和看法，当时备受追捧的程颐、周敦颐、朱熹及张载这四位理学大家中，他唯独喜欢张载的关学，并在学习过程中接受了唯物主义的自然观，从小就学会了独立思考。除此之外，宋应星还读过李时珍的《本草纲目》，因此对草药医学也很感兴趣，后来，他还喜欢上了天文学和农学，使爱好和涉猎更加广泛。宋应星还很喜欢写诗，在读书时就常与朋友一同郊游，互相写诗激励，畅谈天下事。

明朝时，生员在省会参加每三年一次的乡试，考中的被称为举人；

中举以后再参加在京师举行的会试，每三年一次，时间是在乡试的次年，考中后要再经过殿试，称进士，头名进士就是所称的状元了。明朝科考规定以四书五经作为考试内容，以八股文作为考试文体。为了能够通过科考获取功名，参加科考的儒生大部分精力都用在所谓代圣贤立言而对社会发展毫无用处的八股制义上。第六次参加会试时，宋应星已 45 岁，宝贵的青壮年时间，就这样消磨在科举考试上面，宋应星想到祖父和父亲，以及宗族子弟在科举道路上耗费的青春及遭遇的不公平待遇，功名心逐渐冷却下来。虽然六次进京会试，均告失败，但这六次水陆兼程、跨越万里的长途跋涉，却也为他打开了另外一扇门。一路的见闻，使宋应星对于造物工艺有了深刻的认识，也让他意识到，实现救国济民、增强国力的美好愿望，只能依靠实实在在的科技知识，而不是腐朽的八股文。家道的衰落、科举的失利、明朝晚期工商业的高度发展与混乱的社会状态等诸多因素相交织，促使他由“科举入仕、光复家业”转向了“弃功名”“求真知”的实学之路。18 年的北上会试，宋应星游历于明晚期的衰落和技术兴盛之间。他一方面亲身经历了科考和官场的腐败，目睹了国内大部分地区民穷财尽、流寇丛生的乱世与衰势；另一方面也看到了浙江省、安徽省各地区，南北二京，还有他所生活的江西省广大地区的资本主义经济萌芽，农、工、商业快速发展，手工技术日趋成熟的景象。以上的多种原因让宋应星从追求科举入仕，转向了与功名毫不相关的技术实学研究。在 18 年的旅程中，他带着测量工具和随时记录用的笔墨，抓住一切机会，在田间地头、手工艺作坊，从劳动群众、工匠那里了解农业、手工业等多方面的生产技术知识，并进行分类记录，获得了丰富的第一手资料，为后来写作《天工开物》等书做好了前期的资料准备工作。宋应星还大量翻阅

宋应星调查图

了前人留下的史书典籍，并结合自己在实践中的所见所闻对典籍上的内容加以甄别。

崇祯七年（1634），宋应星出任江西省袁州府分宜县（今江西省新余市分宜县）教谕，教授生员。他在分宜县任教 4 年，这是他一生中的重要阶段。授课后的余闲时间较多，有稳定的生活来源，同时又能接触到一些图书资料，为他从事写作提供了条件。他也充分利用这段时间，根据以前的调查所得，再查找必要的参考文献，从事着极其紧张的著述工作，历时四年完成了他最杰出的作品《天工开物》。虽然《天工开物》所涉及的内容多为技术性科普内容，是读书人口中的非正统之学，与当时重道轻器的主流思想完全不同，是一本与求取功名毫不相关的书，但是宋应星并不在乎，而是更加坚持研究有利于民生的科学技术。崇祯十三年（1640），本来已经升任福建汀州府正八品推官的宋应星突然辞官不做，而是在那个技术科学还被称为“奇巧淫技”的时代专注于科学技术研究。

明朝官员原本俸禄微薄，宋应星当时又是没有品阶的县学教谕，加上家里的田产日趋减少，两个儿子虽已长大成人，但全家六七口人的日常开销还是全依赖宋应星，所以他买不起价格昂贵的书籍和资料用来考证，想邀请同道中人一起讨论，鉴别真伪，也没有合适固定的场所。尽管当时形势已不容乐观，但他还是以超乎寻常的信念与毅力，在短时间内完成了这部农业手工业技术百科全书式的著作。他以长远的目光，记载当时中国的各项工艺成就，期望后人能理解他的良苦用心。

《天工开物》的序言中，写着这样一句话——“此书于功名进取毫不相关也”，这句话一直启发着后人该如何看待功名，又该如何看待实学。《天工开物》是世界上第一部关于农业和手工业生产的综合性著作，一些重要论述在当时处于世界领先地位，其“物种发展变异理论”比德国卡弗·沃尔弗的“种源说”早一百多年；“动物杂交培育良种”比法国比尔慈比斯雅的理论早两百多年。《天工开物》最可贵的地方在于它十分详细地记载了工农业生产中许多先进的科技成果，同时还提出了一系列理论，无可置疑地成为一部记录科学技术的完整著作。宋应星深入田间、作坊，通过亲自调查而获得了工农业生产技术的第一手资料，详细而具体地记下了各种工艺过程并绘制成各种工艺图画。并且，宋应星的方法并未停留在观察和见闻上。比以往科学家更进一步的地方是，他自觉地提出了“穷究试验”的方法——就是科学实验的方法，并且身体力行地去进行科学实验的活动。

明朝覆灭后，清兵入关，此后的宋应星一直过着隐居生活，拒不出仕，在贫困中度过晚年。封建官僚体制之下，并没有适合科学研究的土壤，科学工作者注定只能过着清贫落寞的生活。他们虽能预示一个时代的到来，但本人必将承受时代的落差。今天，宋应星所著的《天工开物》已成为世界科技名著而在各国流传。已故中国科学院自然科学史研究所教授潘吉星认为：“历史上只有《天工开物》第一次从专门科技角度，把工农业的 18 个生产领域的技术知识放在一起加以综合研究，使之成为一个科学体系。这是一项空前的创举。仅凭这一点，此书足以在中国科学文化史中居于重要地位。”

四、教谕生涯

教谕一职，始设于宋代，但宋代时的教谕是设在京城的小学和武学中，而在京城之外，则无教谕之职。但从元朝开始，县学也开始设置教谕，全名为儒学教谕，主要负责县内文庙祭祀、教育生员的职责。

县学是一个县的教育机关，往往内设教谕一人，另设训导数人。训导是辅助教谕的助手。

宋应星于明崇祯七年（1634）任江西分宜县教谕，之后还做过福建汀州府推官、南直隶亳州知州。宋应星一生中的主要著作都是在分宜县任教谕的 4 年中完成的。

分宜县位于南昌以西，隶属于袁州府，离奉新 150 多千米。明朝时这里盛产稻米、棉花以及铁矿石，所以这里的纺织业和冶铁业也比较发达。《明史·食货五》载：“冶铁所，洪武六年置。江西进贤、新喻、分宜……凡十三所，岁输铁七百四十六万斤。”这就为宋应星在任教谕时观察、了解冶铁业和棉纺业提供了有利条件。

宋应星在分宜县任教谕一职时，课后的时间较为自由，这为他完成《天工开物》提供了时间方面的便利条件。

《天工开物》是一本工艺技术总结方面的百科全书，与科举考试无关，描写的是下层劳动人民所要解决的技术问题。可以说，宋应星能克服种种困难完成这部科技著作并付诸出版，是出于超乎寻常的对科学的热爱及对一代一代劳动人民不断累积而来的成熟工艺的责任与担当。这是一部为民间、为社会经济发展写的书，他把这部书献给农民、工人和工商业者，帮助他们获得技术知识和经济效益。该书指出，只有依靠生产才能增加财富。当时许多人的眼里唯有白银是财，而不知财富是人们利用自然界所提供的条件，通过劳动而创造出来的。他说，今天所缺少的，是田里的五谷、山里的木材、村边的桑树、池塘里的鱼，等等。只有物资富足了，财源才能充实，贸易才有货源。

第一本《天工开物》印出来后，宋应星两手捧书，双眼含泪。半生辛苦总算没有白费，他在《谈天》一文中写道：“所愿此简流传后世，敢求知己于目下哉。”他把目光投向了未来，期望后人能理解他的良苦用心。欣慰的是，在二十世纪八十年代，宋应星的家乡奉新县为他修建了一座纪念馆，现在那里已经是江西省著名的科普基地和爱国主义教育基地。宋应星在科技研究工作中所持的“有益生人”的理念，以及重视实地调查和劳动者实践经验的实事求是的科学态度，将永远被后人铭记。

五、有闻必录，事必躬亲

《天工开物》一书详细叙述了各种农作物和手工业原料的种类、产地、生产技术和工艺装备，以及一些生产组织经验。宋应星自幼就对音乐、文学、天文、历史、地理等学科有着浓厚的兴趣，这为他日后进行手工艺研究打下了坚实的基础。他年轻时曾因进京赶考而漫游赣、鄂、鲁、豫等地，这也让他对各地物产及制造等实学的认识进一步加深，18 年的科考之路也使他一直不辞辛劳地深入生产前线观察记录各类手工艺、舟船车马等设备的结构和使用情况，《天工开物》就是他对前半生的科学考察和研究所做的整理和总结。

《天工开物》一书共有三篇十八卷，涉及了农业、手工业生产和制造行业等领域，乃粒（五谷）、乃服（纺织）、彰施（染色）、粹精（粮食加工）、作咸（制盐）、甘嗜（制糖）、陶埏（陶瓷）、冶铸（铸造）、舟车（车船）、锤锻（锻造）、燔石（烧造）、膏液（油脂）、杀青（造纸）、五金（冶金）、佳兵（兵器）、丹青（朱墨）、曲蘖（制曲）、珠玉等行业皆包含其中。作者在此书中将农业放在开卷首位，工商业置于中间、珠玉置于最后，可见宋应星对关系到人民生活的农业生产的重视。在明朝浩如烟海的文化典籍中，《天工开物》一书因主要是论述工艺技术，与科考无关，因而不受文人的待见，但此后，该书历经坎坷，流传到亚洲、欧洲的一些国家，其先进的工艺技术、科学思想震惊了那个时代的各国学者，也让人们明白，具有划时代意义的科学巨著就此诞生。

《天工开物》的完成离不开作者宋应星日常的躬亲实践、有闻必录。作者对那些鬼怪迷信之说给予坚决驳斥，主张对事物的考察要用“试见”和“试验”的方法。如他对麦子的开花就进行过仔细观察，作出了“江南麦花夜发，江北麦花昼发”的科学结论，而对未经他自己亲自检验的事物和现象，往往持谨慎保留的态度。值得称道的是，宋应星在学术上对自己要求极严，有务实、客观的科学精神。在《天工开物》的初稿中，原本有“观象”和“乐律”卷，这是作者专门论述天象观测和音乐韵律的，可是在《天工开物》正式刊行时，作者却将上述两卷抽了出去，因为他自认为这两卷“其道太精，自揣非吾事，故临梓删去”。

宋应星以一人之力把中国几千年来积累的农业和手工业生产方面的知识及技术性经验做了富有条理性、系统化的高度概括与总结，并著述成书，使之得以流传下来。他所著书籍，涉及领域广泛，仅《天工开物》一书，就收录了农业、手工业两大类技艺，研究范围包括：农作庄稼、草木染色、机械制造、砖瓦陶瓷制作、制盐、纸张制作等生产技术。宋应星对农业部分的水稻浸种、播种、育苗、禾苗播种等生产过程作了详细的介绍。比如：将一包种子包裹起来浸泡多日，待其发芽后，撒在田里让其生长，长出一寸多，叫作稻苗。30 天后长出的秧苗，连根拔起栽种到田中，秧苗过了成长期，长出分节，马上将稻子栽种到田中。同时，他还梳理了水稻种植中遇到的各种问题。

宋应星采用了一种先进的科学研究方法——定量方法来描述生产过程，摒弃了以往常用的模糊描述方法，强调原材料的消耗量、成品的加工程度等数据，明确表述了量的概念。他在分析插秧过程时指出，“凡秧田一亩所生秧，供移栽二十五亩。”即秧苗与移栽水稻的比例是 1 ：25，这一重要的比例信息至今在江西仍被沿用。宋应星是第一个准确描述各种油料作物含油量的人：“凡胡麻与蓖麻子、樟树子，每石得油四十斤。莱菔子每石得油二十七斤。芸苔子每石得油三十斤……”这些对油料作物相关数据的详细而准确的描述既有理论价值，也有实用价值。在“机械”一节中，宋应星则详细介绍了立轴风车、运糖车以及转动绳索将作物拉入盐水中的牛车等农用机械和工具，具有极高的参考价值。

宋应星是世界上第一位对锌、铜合金进行科学研究的科学家，是第一个明确指出锌是一种新金属的人，也是第一个描述如何冶炼锌的人，使中国成为当时世界上唯一能够长期大规模冶炼锌的国家。宋应星用金属锌代替锌化合物（甘油酸盐）提炼黄铜的方法，是人类历史上首次证明铜和锌这两种金属可以直接结合制成黄铜的证据。

宋应星致力于发现一般现象背后的本质，在科学理论方面取得了一些成就，主要体现在生物学、化学和物理学方面。

《天工开物》中，他记录了农民种植新品种水稻和大麦的事例，研究了土壤、气候和栽培方法对农作物品种变化的影响，观察了不同品种蚕蛾杂交引起的变异，说明通过人为干预，可以改变动植物的品种特性，他有“土之种随时而变，种随水土而变 ”的科学直觉，进一步提高了古代科学家对环境变异的认识，为人工培育新品种提供了理论依据。

在谈到土地、气候和栽培方法时，宋应星评述了农作物品种变化带来的影响，“凡稻旬日失水，则死期至，幻出旱稻一种，篌而不黏者，即高山可插，又一异也”。在描述蚕种的培育时，他写道：“若将白雄配黄雌，则其嗣变成褐茧”“今寒家有将早雄配晚雌者，幻出嘉种，一异也”。在这里，宋应星提出了物种变异的重要科学思想。值得注意的是，他所记录的物种多样性，有些是由于环境的变化，有些是由于不同物种的杂交，这表明他对物种多样性有了更深刻的认识。从这个意义上说，宋应星可谓为生物进化论的先驱之一。难怪英国著名生物学家、进化论创始人达尔文把《天工开物》一书中的这段相关论述作为物种进化论的重要例证。

最近发现的佚名书籍《论气·气声》不啻为一篇难得的关于声学的精彩文章。通过对各种声音的具体分析，对声音产生和传播规律的深入研究，宋应星提出了声音在空气中传播的概念。在化学领域，宋应星分析了金、银、铜、锡、铅、锌等各种有色金属的化学性质，比较了它们的活度，提出了利用金属之间的差异来分离或检验有关金属的方法。通过对这些金属和化合物的分离及合成方法的分析，宋应星注意到了许多化学反应。他利用"质量守恒"的思想，确定了化学反应中各物质成分之间的相互作用关系，以及化学反应前后各物质成分之间的关系。质量守恒是指在一个孤立的系统中，无论发生什么变化或过程，物质的总质量保持不变。在科学史上，著名的法国化学家拉瓦锡花了很长时间才证明质量在燃烧实验中得以保存，这发生在十八世纪末。但是，宋应星比拉瓦锡早 100 多年就率先发现了物质运动的深层奥秘，他研究了硫化汞生产过程中金银是如何分离的，虽然他的见解深度不及拉瓦锡，却比拉瓦锡的发现早得多。

在总结农业和手工业经验的过程中，宋应星逐渐掌握了辩证唯物主义的朴素思想，这也使他在科技研究方面稳步前进，并取得令人瞩目的突破，成为中国乃至世界历史上公认的科学家。透过宋应星各学科中蕴含的伦理思想，可见其思想和行为，包括忠君、忧民、摒弃不正之风等，都是建立在对封建官制的认同和忠诚之上的。宋应星是一位治学严谨、勤奋好学的封建时代的学者，他有着探索自然奥秘、用先进的科学技术促进生产力发展的伟大愿望，同时他还具有渊博的科学技术知识，并利用科学和技术为社会服务。他的成果是丰硕的。他的伦理思想尽管受到当时历史背景的一些限制，但却闪耀着理性的光芒，引领他走出一条积极向上的人生之路。

作品名称	写作时间	著作类别	流传情况
《画音归正》	1636年（崇祯九年）	语言文学著作	失传
《杂色文》	1636年（崇祯九年）	杂文集	失传
《原耗》	1636—1637年（崇祯九年至十年)	杂文集	失传
《野议》	1637年（崇祯十年）	政论集	流传至今
《天工开物》	1637年（崇祯十年）	科学专著	流传至今
《卮言十种》	约1637年（崇祯十年）	自然社会科学专著	失传
《论气》	1637年（崇祯十年）	自然哲学	流传至今
《谈天》	1636年（崇祯十年）	天文学	流传至今
《思怜诗》	1636—1638年（崇祯九年至十一年)	诗集	流传至今
《美利笺》	不详	文学论著	失传
《春秋戎狄解》	约1643—1644年（崇祯十六至十七年)	历史著作	失传

宋应星著作简表

宋应星
与
《天工开物》

第四章
《天工开物》的诞生

一、实学思想的兴起与传播

1. 实学的兴起与传播

《天工开物》是宋应星在崇祯十年（1637）完成的一部“百科全书”，是记录有关国计民生的各类工艺的一部专著，与科举考试没有任何关系。著作中的每一章节，都体现着对人们衣、食、住、行、用的关注。书中洋溢着的实学精神，直至今天，都让人心生敬意。在那样一个政治黑暗、明王朝正在走向没落的时期，在宋明理学“存天理、灭人欲”的长期浸染下的历史文化环境中，怎么会诞生这样一部以实学精神著称的以描述工艺为主的著作？这始终是许多学者十分关心的话题。其实在明中期，部分有识之士已经意识到实学精神对安邦定国、民殷国富的重要意义与价值，并开始在各种场合大声呼吁实学的重要性。各种学派的学者们虽然有着不同的抱负，但是在对待实学的问题上却能达成一致，聚集在一起讲授实学思想、战略、方法与实现路径；同时，大量的传教士也来到中国传教，将西方的科学知识传入了中国。

诸上因素，使得实学思想在中国大地上逐渐兴起，这一思想也极大地改变了中国长期以来“重道轻器”的文化氛围，逐渐形成了重视科学的学术研究态度，工艺技术也因此得到了全面的发展，这也为《天工开物》的诞生提供了必要的条件。

从空疏心学到实学

心学是明朝的重要学派之一，其代表人物王阳明是中国历史上重要的哲学家之一。他提出了一些很有意思的观点，比如说人的心是很重要的，要把心放在第一位，他还认为，人的道德品质比具体的知识更重要，道德品质优良，才能正确地运用知识。王阳明的心学观念，无疑有着充满智慧的一面，中国古代的道德传统在王阳明的心学中得到了加强，但与此同时，实用的科学知识却被忽视了。宋明理学把“心性之学”放在学问中最重要的位置，加之受科举考试制度的影响，在明朝学术界形成了一种不好的学风，这种现象在明中期引起了注重实际学习的思想家们的极大关注。和王阳明同时代的思想家王廷相直接指出心学误导人，也误导国家，称之为“迂腐之儒”。他曾提到：近代的一些儒学者太过迂腐，不懂得国家需要培养人才来辅佐治理，却只是空谈良知和天理，让年轻人只是空谈虚论，整年都在心性的玄幽中嚣张，却不知道如何实践治国的方法，应对变故的能力也没有。拥有这种学问的人，如果被国家委以重任，一旦遇到突发事件，没有经过磨炼的他们，举止慌乱，很容易误事。因此，实际的学问非常重要。《送泾野吕先生尚宝考绩序》也提到，只有真正实践地行动才能振兴教化，只有具备真正实际的学问才能应对世事。

心学的另一派别是泰州学派的王艮，他强调百姓的学问，提出“百姓日用即是道”的观点。王艮的学生中有很多是普通百姓，甚至是社会底层的人，比如陶工等。这个学派不仅在山林中寻求隐逸，也在市井中启发愚昧的人,他们还在各地聚集讲学,对社会产生了很大的影响。后来东林学派的顾宪成也赞同百姓的学问，对心学只停留在空疏的理论层面而感到焦虑不安。《明儒学案》中记载了顾氏兄弟的一段对话：有一天，顾允成（顾宪成之弟）叹了口气，泾阳问他为什么叹气。他说：“我感叹现在的讲学者，就像天塌地陷一样，他们只关心自己的学问，不管其他事情。”泾阳问他们讲的是什么，他说：“在高官厚禄的人中，只讲明智地保护自己；在普通人中，只传授如何依附贵族。”泾阳听了，也连声慨叹。

后来一些学者开始对心学进行批评，认为它太过空洞，没有实际用途。他们提出了一种叫作实学的思想，强调要把学问与实际生活结合起来，为人民谋福祉。这些实学家们在东林书院里聚集起来，互相交流，影响了很多人。同时，明朝晚期还出现了一些实用性很强的学术著作，比如李时珍的《本草纲目》、徐霞客的《徐霞客游记》等，这些著作对于经济、农业、医学等领域的发展都有很大的帮助。这些实学思想和著作的出现，为社会的进步开辟了新的道路。

西方学问的传播和影响

十五至十七世纪，欧洲人的地理大发现让他们可以通过新的航路来到中国，这其中有很多传教士，他们中的一些人与皇帝和高级官员有密切的联系，对晚明和清初的学术界产生了很大的影响。这些传教士包括罗明坚、利玛窦、龙华民、罗如望、庞迪我、熊三拔、汤若望、罗雅谷等。他们的到来，让中国人了解到了欧洲的知识和文化。其中，第一个被允许进入北京的西方传教士利玛窦向中国传播了西方文化和

利玛窦与徐光启

知识。他对中国的实学文化产生了积极的影响，如将欧式几何及其演绎推论的思维方式、格里高利历法传入中国，开阔了中国人的视野，使当时的中国人看到了整个世界。虽然利玛窦等人来中国是为了传教，但是他们对中国晚明时期天文历法、舆地、水利、火器等领域的发展起到了重要的推动作用。这使得原本只注重空谈的明朝学界受到了震动，为明朝学界从空谈转向注重实用的实学思想提供了机会。

在具体的技术层面，中国追求实用知识的学者们注意到了西方传教士带来的西方方法，然后比较了它们与中国传统方法的不同之处。他们发现西方方法在某些方面更加先进，比如宋应星在《天工开物》冶铁卷中也提出焊接铁器的方法在不同的国家是不一样的。中国有一种叫作中华小焊的方法，它使用白铜末来焊接小的铁器。而对于大的铁器，我们只会用力地挥动锤子，用强力使它们合在一起。但是，这种方法经过很多年的发展，最终还是无法使铁器变得更加坚固。西方国家有一种叫作锻造的方法，可以制造出非常坚固的大炮，而中国则主要使用冶铸的方法来制造铁器。《天工开物》一书除了记录关于中国传统工艺的内容，也介绍了一些关于西方火器和焊铁技术的信息。

2. 实学的走向

宋应星的宗族经历了兴盛和衰败的过程，同时他本人也经历了科举考试的失败。明朝晚期，工商业得到了极大的发展，但社会也变得混乱不堪。这些因素共同作用，让宋应星放弃了对功名的追求，转而选择了追求真知的实学之路。

宋应星通过自己的方式来研究科学技术，他不在乎别人对他的看法。他通过观察和实验的方法来研究科学技术，并完成《天工开物》这一巨著。宋应星在文章中表露出对那些纸上谈兵的儒生的不屑一顾，他在《天工开物》序言中说："世有聪明博物者，稠人推焉。乃枣梨之花未赏，而臆度'楚萍'；釜鬵之范鲜经，而侈谈莒鼎。"相反，宋应星非常重视田野考察和科学实验，在《天工开物》这本书的第十八卷中就用这种方法得到了科学数据。对于自己无法确定的地方，他也会在文章中特别指出。比如在第十二卷的油品一文中，他介绍了不同油品的出油率，对于未穷究试验的情况，他明确表示"还需要进一步研究"。

二、游走于乡野

虽然宋应星仅在几年时间内便完成了《天工开物》一书，但书中的专业知识和详细的工艺记录却是作者多年知识的积累和深入研究的结果。中国近代政治家、思想家、教育家梁启超这样评价《天工开物》：

通过科学的方法研究了食物、衣服、工具，还有金属、机械、绘画，以及珠宝和宝石的制作过程。其中详尽的插图和说明，真实地记录了当时的科学研究和技术发展，让我们更加了解这些工作的原理和过程。

1. 来自明朝的田野考察

《天工开物》一书的绝大部分内容来自宋应星通过田野考察所获得的知识和发现，正如其在序言中所说："年来著书一种，名曰《天工开物》卷。伤哉贫也！欲购奇考证，而乏洛下之资；欲招致同人商略赝真，而缺陈思之馆。随其孤陋见闻，藏诸方寸而写之，岂有当哉？"可见《天工开物》中的绝大部分资料，特别是技术工艺类的叙述，都来自见闻，来自田野考察。

宋应星之所以能以田野考察的积累来完成这一著作，有三方面必然性：第一，他在科学研究中有一种非常重要的精神，即实事求是。他会通过自己亲眼所见和亲耳所闻的方式来收集第一手资料，这样才能得出科学的研究结论。宋应星之所以有这种科研精神和品质，是因为他受到了宗族与当时兴起的实学思潮的影响，同时，他也接受了很多文化的熏陶，积累了丰富的个人经验。第二，是由宋应星的个人境遇所决定的。宋应星是崇祯年间的一位教谕，他非常喜欢研究书籍，但是他遇到了一些困难，既无法接触到很多皇家藏书，也没有足够的钱来购买书籍进行研究，甚至连和其他学者商讨的场所都没有，这样的情况让他无法获取很多二手资料，也就是别人已经研究过的书籍。第三，在中国古代，关于工艺的书籍，除了记录古代官方手工业的各种规范和制造工艺的《考工记》，大多是供宫廷、贵族和有地位的人们欣赏品味的，它们注重工艺的审美效果，让人们感到美的享受。而

《天工开物》一书则不同，它主要记录了普通百姓的生活技艺和人们使用的日常器具，这些器具是百姓生活中必不可少的工具。这本书详细地介绍了它们的制作过程和使用方法，让人们更好地了解普通百姓的生活，提高百姓生活质量。之所以这样，是因为在以读书入仕为目标的传统社会中，学生们不会关心，更不会去记录那些与科举考试无关的社会底层生存技能。普通百姓又因为没有读书和识字的机会，再加上艰苦的生存环境，无法用文字记录自己所从事工作的技能。所以，宋应星既没有经济能力购买技术性书籍进行考证，也没有太多关于百姓生活的技术性文献可供参考。因此，他只能以实地考察的方式获取所需的资料。

《天工开物》展现了宋应星的科学实证精神和科研素质。在明、清两朝至今的不同时期中，《天工开物》的不朽价值日益彰显。这个价值主要源于书中对传统工艺全面、完整、真实、细致的记录。从客观的角度来看，这本科学巨著的产生是历史发展的必然结果，是时代进步的产物。但是从主观的角度来看，《天工开物》的成功也与宋应星个人的生活环境、经历以及他的智力品质密切相关。就其个人生活环境来说，首先，他的出生地和生活地是江西省奉新县。明朝江西省的农业、手工业和商业都非常发达，各种工艺如烧制陶瓷、造纸、染织等，他只要走出家门就能看到。有些工艺甚至是来自他的家乡，比如书中提到的火纸就是用奉新县九仙村及周边山区竹料制作的；用苎麻布编织夏服则来自宋应星出任教谕时，对分宜县双林镇农家织造苎麻工艺所进行的详细记录；书中提及农耕使用的工具在他的宗族所在地——牌楼村仍然在使用。因此，宋应星的出生地和生活地也为他撰写《天工开物》、进行田野考察提供了便利条件。其次，宋应星在科举考试中屡受挫折，但在赴京赶考的旅途中他看到了很多有趣的事物，这些都成为撰写《天工开物》的资料。宋应星赶考来回往返了 6 次，总共花了 18 年的时间。在这个旅程中，因为他们一路从南方到北方，所以收集到非常丰富的资料。据其兄长宋应昇在《乙卯冬发舟北上未至湖口十里作》一诗中的大概介绍，宋应昇兄弟二人第一次北上会试时选择了水路作为主要交通路线。他们从牌楼村（北乡）向北进发，到达南潦河渡口后登上船只，然后他们经过永新县，到达鄱阳湖，接着他们通过湖口，进入安徽地区的河道，之后经过安徽的铜陵和芜湖，进入长江水道。在到达京口（今江苏省镇江市）后，他们转向漕运主航道，即京杭大运河，继续北上。他们途经今扬州、淮阴、徐州、济宁、临清、德州、天津，最终到达了北京。虽然宋应星在参加科举考试的路上失败了 18 年，没有实现他做大官的梦想，但是这段时间对于他的实学研究非常重要。在这 18 年里，他通过观察和学习，积累了很多有关工艺研究的资料。正是这些积累，最终让他能够写出《天工开物》。最后要说的一点是，宋应星的超强记忆力非常适合他进行跨学科多领域的田野考察以及工艺记录。他的族侄所写的《长庚公传》中提到，宋应星还很小时，他竟然就能够把在睡梦中听到的他兄弟背诵的诗文牢记下来，这表明宋应星的记忆力非常出众，具有过目不忘、听一遍就能背诵的智力特点。这样的智力品质对于他日后撰写《天工开物》时精确记忆材料并进行准确描述非常有帮助。

2. 严谨的科研作风

在《天工开物》这本书中，宋应星对自己见过的事物都进行了准确的描述，展现了一个学者应有的诚实和严谨的科学态度。他详细记录了工艺过程中的配料比例、物质损耗以及器具制作的方法过程，用数字进行了量化处理，显示出他作为学者的科研素质。书中的123幅插图能够使读者更加清晰地理解并全面把握技术信息，图文并茂的叙述方式也使得该书更加直观。这些特点都展现了宋应星严谨的科研作风。

细致的观察

《天工开物》包含了农业、手工业、交通运输业等领域的知识。每一个领域都需要仔细观察才行，特别是手工业的工艺细节。尽管宋应星并不是从事相关工艺加工生产的人，但他的观察非常细致，以至于当现在的人们在田野考察时与各个行业的工匠们讨论《天工开物》中的相关工艺细节时，长期从事这一行业的工匠们都会惊叹：我们老辈人就是这么做的。这里以《天工开物》中描述制作小片瓦的过程为例。描述的具体内容为："首先，用一个圆桶作为模具，外面画上四条线。然后，把泥土调制成熟泥，叠成一个长方形的条块。接下来，用铁线弦弓，线上空三分，用尺子限定，把泥块向上戛一片，就像揭开纸一样，覆盖在圆桶上面。等待泥块稍微干一些，然后脱下模具，小片瓦自然地裂成四片。从调制熟泥开始，然后将泥放入模具中，等待泥变干后，将模具取下，泥块就会裂成四片。"在这个过程中，宋应星还记录了一个容易被忽略的小细节，就是模具外面有四条凸起的棱线，他称之为"外画四条界"。这说明宋应星在考察田野工艺时，一定亲自去了瓦的制作现场。他仔细观察了整个制作过程，并且还特别留意了制作瓦器所使用的模具。如果不仔细观察，很容易忽略模具上的四条棱线，然而，这些细节对于瓦片的成型非常重要。书中对其他工艺的描述也是一样细致。比如说，对铜钱铸造过程的描述，不仅有文字的说明，

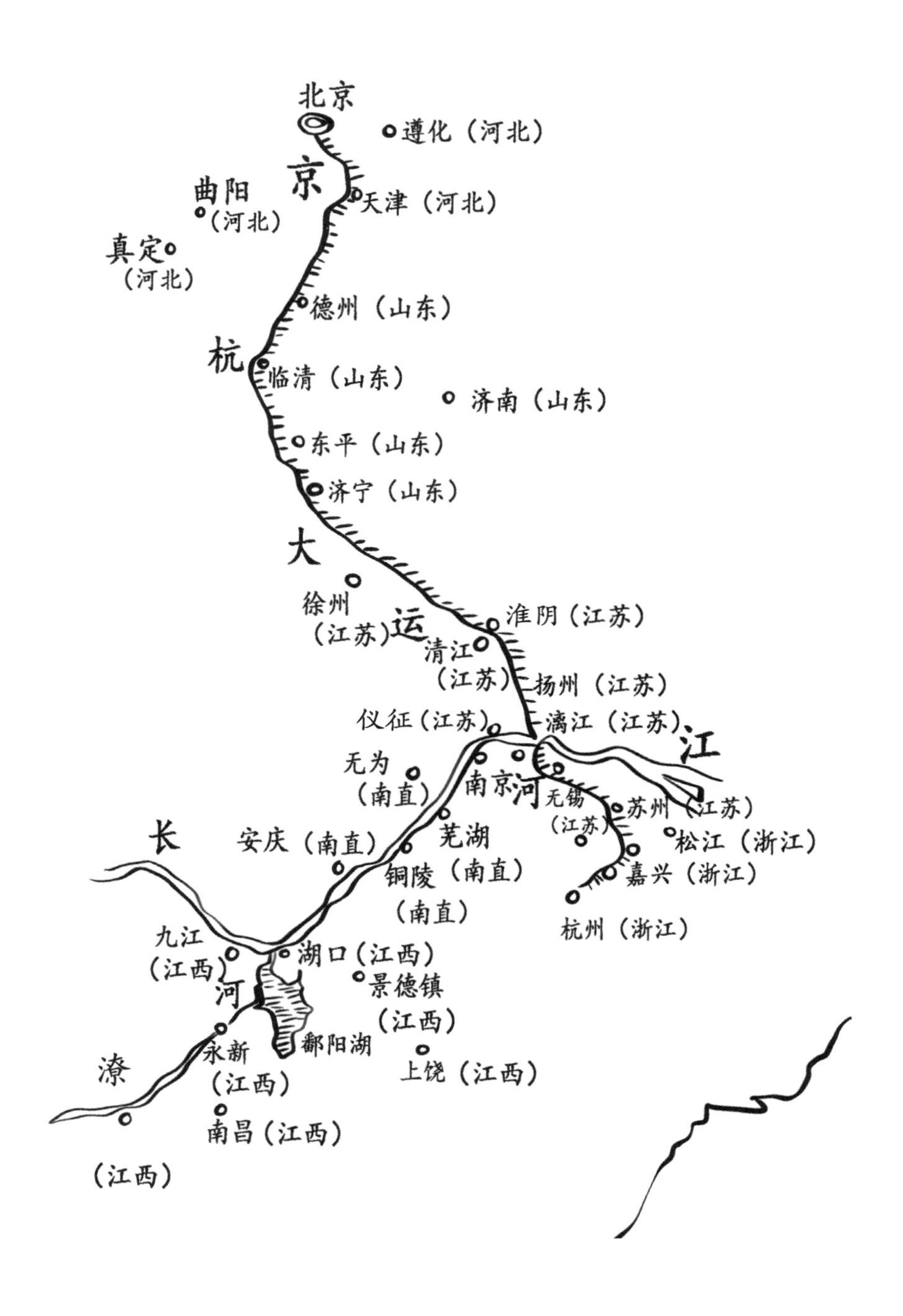

宋应昇、宋应星赶考出行路线图

还有图画的描绘。这样一来，整个工艺过程就变得非常完整了。这些都说明宋应星对他所研究的对象非常认真和细致，他把观察所得，用图画和文字两种方式记录下来，并最终写成了科技巨著。这样一来，后人就可以更好地了解这些工艺的奥秘了。

客观的描述和精准化的数字

《天工开物》是一本力求客观与真实的书。首先，作者在文中对神秘论进行了驳斥，并明确说明了自己无法解释的问题。例如，在“稻灾”一节中，作者指出第一种稻灾的形成是因为“祟在种内，反怨鬼神”，但同时作者也驳斥了鬼火的说法。在《陶埏》卷中，作者给出了窑变的科学解释。在《珠玉》卷中，作者阐释了蚌病生珠的过程。这些例子都表明宋应星在努力用科学的原理来推翻神秘论观点，并用自己的仔细观察对所见所闻的现象进行科学的阐释。

其次，在《天工开物》一书中，宋应星常用数字进行精确的叙述，这种表达方式非常普遍。比如在“治丝”中，他说：绫罗丝一起投了二十个茧（茧是蚕丝的囊），而包头丝只投了十几个茧。在“经数”中，他写道：“绫绢筘以一千二百齿为单位。每个筘中的齿经过糊（一种处理丝绸的方法）后，四股丝线合并成两股。罗纱经计算有三千二百股丝线，而绫绸经计算有五千到六千股丝线。古书中说八十股丝线合起来就是一升，而现在绫绢厚的布料相当于古代所说的六十升布料。”这段话说明明朝丝织品的厚度不同。制作砖瓦，需要在烧制过程中浇水，以防止砖瓦干裂。根据经验，每百块砖瓦需要用水四十石。在制造钟的过程中，需要铸造钟身，铜、锡、金、银的比例是：每口钟需要用铜四万七千斤、锡四千斤、金五十两、银一百二十两。成品钟的重量为两万斤，高度为一丈一尺五寸，双龙蒲牢高度为二尺七寸，口径为八尺。在舟车的装载方面，四轮大车可以装载五十石的货物。如果骡马多的话，可以挂十二挂、十挂，少的话也可以挂八挂。在造纸的工艺中，制作皮纸需要用楮皮六十斤，还需要加入绝嫩竹麻四十斤，然后进行塘漂浸泡。在制造墨的工艺中，使用桐油点烟，每斤桐油可以得到一两的烟。如果工作速度快的话，一个人可以供应两百盏灯盏。通过这一组组精确的数字记录，人们可以清楚地了解晚明时期成熟造物工艺的材料特性、配料关系，以及所制作物品的重量和尺寸，还有物质的损耗率，等等。就像是魔法一样，宋应星在晚明时期就开始运用了近代欧洲学术训练中才开始重视的统计学方法，比其他人早了整整 300 多年。

最后，《天工开物》展示了宋应星严谨的科研态度与作风。该书的内容安排非常合理，它按照不同的工艺进行分类，详细介绍了各种制作方法和技巧。无论是制作陶器还是造纸，每种工艺都有专门的章节，让后人能够清晰地了解每种工艺的过程和原理；而且书中的工艺记录非常完整与细致，宋应星不仅详细描述了每种工艺的步骤，还记录了所使用的材料和工具，甚至还提供了一些实用的技巧和注意事项，让人们能够更好地掌握这些工艺。所以，通过阅读这本书，人们不仅可以学到许多有趣的工艺知识，还能够感受到宋应星对科学研究的认真态度和严谨作风。

三、百科全书集大成

1. 百科全书

“集大成于一身的百科全书”是一种包罗万象的知识体现，它代表了人类对世界的探索和思考，是知识积累和传承的重要工具，同时也是文化和历史的记录，无论是作为学习资源、参考工具还是文化遗产，集大成的百科全书在人类知识体系中都具有独特的地位。百科全书可以帮助人们更好地了解世界、文化、科学和历史。

宋应星所著的《天工开物》是中国第一部有关农业与手工业加工生产技术的百科全书，涵盖面广且内容丰富。全书共分为三篇十八卷，记载了五谷的种植、收割及加工方法，日常生活中的油盐糖酒、染色颜料、车船兵器、珠宝玉器等的详细制作方法，介绍了砖瓦、陶瓷、纸张的制造过程，以及养蚕、纺织、冶炼、锻造、铸造等工艺技术；除此之外还有关于石灰石、矾石、硫黄和煤炭的开采及利用等 130 多种技术。为了更好地说明相关工艺技术，初刻本书中配有 123 幅与文字相对应的插图，整本著作图文并茂，在国内外科技发展史上有着重要的地位与影响。法国的汉学家儒莲曾将《天工开物》称为“技术百科全书”，英国的生物学家和进化论的奠基人达尔文称之为“权威著作”，日本著名学者三枝博音和薮内清更是将其誉为“中国杰出的技术书”和“中国技术的百科全书”，英国学者李约瑟还将宋应星比作“中国的狄德罗”。美国学者任以都和孙守全则称赞《天工开物》是“十七世纪中国的技术书”，以及“十七世纪的中国工艺学”。

2. 广泛的知识汇集

书名来源

《天工开物》的书名是由《尚书·皋陶谟》中的“无旷庶官，天工，人其代之”的“天工”二字与《周易·系辞上》“开物成务”中的“开物”二字反其意复合而成。“天工开物”就是：自然形成万物及人对其开发利用。自然界蕴藏着丰富的资源，就如同一种天赋的技艺，而人类则通过勤劳和创造力，将这些资源转化为各种物品，就如同创造了全新的事物一般。当我们拥有广泛的知识和技能，并付出努力，便能够开发创造出比自然资源更为卓越的人工制品。

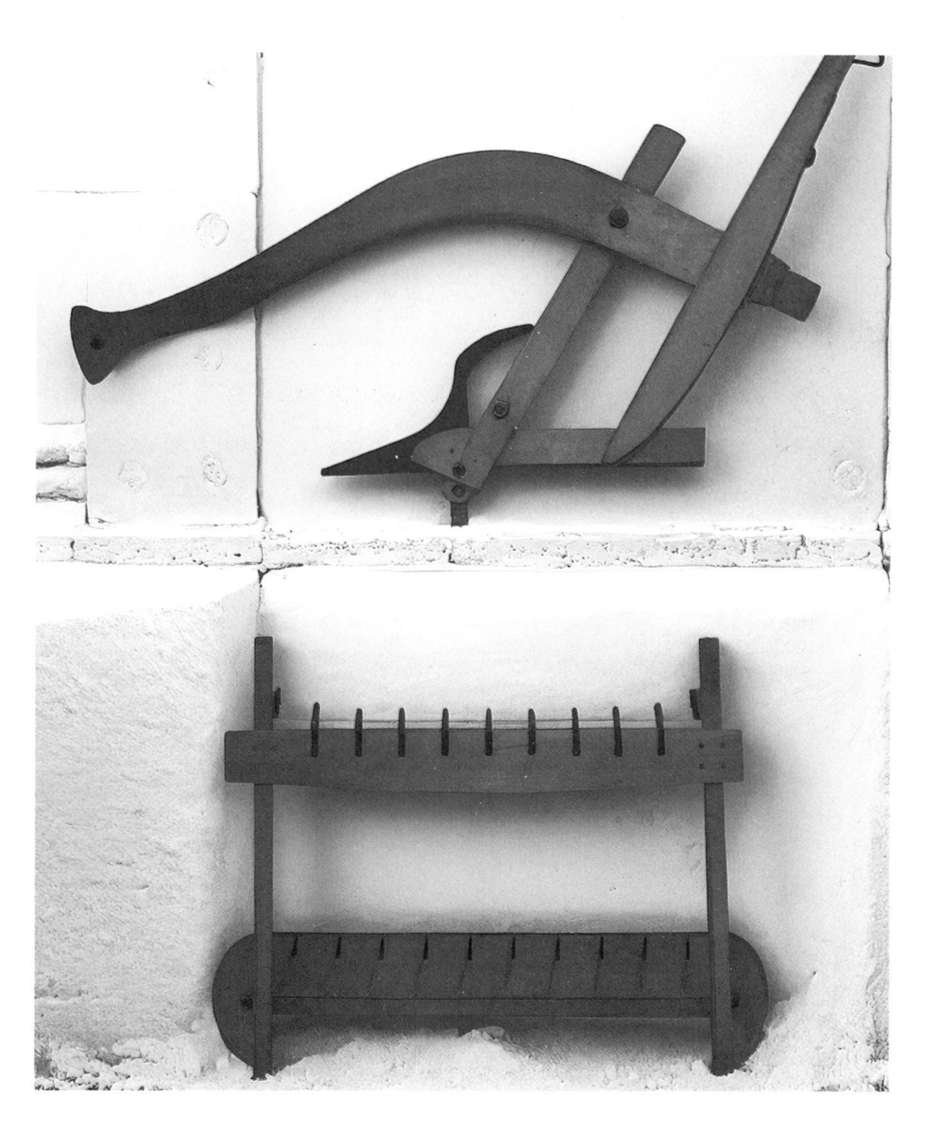

宋应星纪念馆中根据《天工开物》仿制的犁与耙

《天工开物》的主要内容

《天工开物》共分三篇十八卷，按照“贵五谷贱金玉”的原则，也是遵循人们的食、衣、住、行、用的原则来安排内容。

第一卷《乃粒》，说明了水稻、小麦、高粱、谷子、豆类、芝麻等粮食作物的种植技术和各种浇灌工具的使用方法；第二卷《乃服》，介绍了养蚕的方法和丝绸、棉布、麻布的织造技术，以及制裘制毡的大致情况；第三卷《彰施》，介绍了各种染料的制作方法和所染的各种颜色；第四卷《粹精》，介绍了稻谷、小麦、高粱、谷子、芝麻、豆类的脱粒和加工方法；第五卷《作咸》，说的是如何制取食盐，在本卷中引申为制盐，也就是食盐的制取方法；第六卷《甘嗜》，本卷用较多的篇幅记述了种蔗的经验，着重进行了育苗移栽法介绍；第七卷《陶埏》，介绍砖瓦陶瓷的烧制方法；第八卷《冶铸》，记述我国古代铸造钟、鼎、釜、镜、钱币、佛像、火炮的方法，对我国古代的冶铸技术作了全面的说明；第九卷《舟车》，内容为造船造车，介绍了当时船只、车辆的种类、结构、制式和制造技术；第十卷《锤锻》，详细记述了明朝锻造金属器具的情况；第十一卷《燔石》，介绍矿物的烧制，是将一些非金属矿石进行烧炼，从而得到这些矿石中所含有的某些矿物质；第十二卷《膏液》，讲述了植物油脂的提取方法，反映了明朝油脂的生产技术与水平；第十三卷《杀青》，卷名用来指代造纸，因为造纸时要将竹麻的青皮去掉；第十四卷《五金》，主要讲述金、银、铜、铁、锡、铅、锌等金属矿开采与冶炼的方法；第十五卷《佳兵》，即明朝的好武器的种类和使用效果；第十六卷《丹青》，本卷中所说的丹青，是指红色和黑色，红色是指朱砂或银朱的升炼过程，黑色是指墨锭的制作；第十七卷《曲蘖》，记述的是我国古代劳动人民利用微生物进行发酵的经验，反映了我国古代的酿造水平和先进的技术；第十八卷《珠玉》，宋应星以客观事实，对“珠徙珠还”现象进行了科学的解释。他提出如果过度地捕捞珠蚌，就会导致珠蚌“其生不继”，如“经数十年不采，则蚌乃安其身，繁其子孙而广孕宝质”，并对前人“清官感召”的谬说进行了有力的驳斥，从而体现了宋应星的科学思想。

3.《天工开物》一书的特点

内容广泛

《天工开物》涵盖了广泛的内容，包括农业、工业和商业等多个领域。其中与农业相关的部分章节为《乃粒》《甘嗜》《粹精》。在《天工开物》关于农业生产方面，《乃粒》叙述了有关粮食农作物的栽培技术，包括使用砒霜拌种来防治害虫，以及将家禽或走兽的骨灰用作磷肥。这些技术有助于提高农产品产量，直接改善了人们的生活。《甘嗜》反映了当时社会对于甘蔗和糖的价值认同，以及与之相关的农业技术，如育苗和移秧技术。《粹精》涉及水稻、小麦等主粮的加工技术，其中介绍了“一举三用”的水碓技术，强调了农业生产不仅涉及种植，还包括收获和加工环节，为满足人们的基本需求提供了技术支持。

在与工业相关的内容中，《天工开物》涉及金属冶炼、陶瓷制作、纸张制造、丝织、染色、矿石采集等方面。《冶铸》和《锤锻》详细描述了金属冶炼、陶瓷技术以及器型工件制造技术。这种技术不仅关系到生产工具和器物，还在农业、建筑等领域有着广泛的应用，大大提高了生产效率。《陶埏》介绍了陶瓷制作技术，特别是“浇水转釉”的处理技术，反映了当时中国陶瓷制作技术的高超，这对于古建筑材料应用具有重要价值。《作咸》提到了盐的加工制造技术。盐是一种生活必需品，对于保存食物和满足人们的食用需求至关重要。《膏液》介绍了榨油的方法及工具，包括压榨法及水代法两种基本工艺。《乃服》论述养蚕与丝织的方法，包括进行人工杂交培育出新的蚕种，并详细地描述了生丝的加工处理技术。《彰施》记录了从各种植物中提取染料和织物染色的技术，这些技术在“诸色质料”与“蓝淀”各节中得以体现。《五金》记载了经过改进的灌钢技术，以及金属锌的炼制技术和利用物理方法将金属分离的技术。《燔石》记载了各种矿石的烧制技术与采煤技术。《丹青》叙述了朱和墨的制造技术，强调了美学和创意，凸显了工业与艺术之间的交叉。《舟车》中介绍了船与车是中国古代重要的交通工具，在“漕舫”一节对内河运输船的构造、尺寸等进行了详细描述，“车”一节中对四轮大车和独轮车进行了解构分析。《佳兵》针对各种武器的制造技术、构造以及使用方法进行描述，在其小节“火药料”与小节“火器”中得以体现。《曲蘖》中叙述了利用微生物进行发酵的经验，介绍了酒母、神曲以及丹曲三者在制造时所用到的原料种类、数量配比以及处理方法。

商业通常与经济活动紧密相关，制造和加工的产品可以用于贸易和交换，从而产生经济价值。与商业相关的部分有《杀青》和《珠玉》。《杀青》中介绍了竹纸与皮纸的制造技术，还提到了“还魂纸”的技术，即用废纸制成再生纸，达到循环利用的效果。《珠玉》记录宝石、玉、珍珠的开采和加工，这些贵重物品一直以来都是商业交易的对象，经过加工和销售，体现出其在商业领域的经济价值。

和谐共生

《天工开物》以注重民生、重视商业和关注人与自然环境的和谐共生为重。在注重民生方面，该书通过《乃粒》《粹精》等详细阐述了农业、手工业和粮食加工等方面的知识，这些知识直接关系到人们的日常生活。这样的记载为百姓提供了实用的知识，从而提高了他们的生活水平。在重视商业方面，《天工开物》涵盖了商业和贸易领域。《珠玉》中的珠宝开采和《杀青》中的纸张制作为商品的生产、加工、质量控制以及与市场关系作了介绍，这反映了当时明朝商业活动的繁荣。传播此类知识，有助于促进经济发展和贸易流通。尽管在当时的历史背景下，人们的环保意识相对较弱，但《天工开物》提出了一些关于资源的合理利用和环境保护的方法。《珠玉》中"岂中国辉山媚水者，萃在人身，而天地菁华止有此数哉？"一句，表达了作者的观点，即难道能使山水增光的宝物都在人的身上有所聚集，自然界的精华就只有这几种吗？在"珠"一节中，"凡珠生止有此数，采取太频，则其生不继。经数十年不采，则蚌乃安其身，繁其子孙而广孕宝质。"体现出宋应星主张人与自然要和谐共生，才能长久。由此可知，《天工开物》强调了对自然资源要合理规划的观点，也反映出对自然环境的尊重和对可持续性的重视程度，体现出人与自然和谐共生的思想。

古代中国作为典型的农耕社会，科学技术的形成是跟与老百姓生活生产紧密相关的农业、手工业联系在一起的。在明朝以前，中国农业、手工业一直处于世界领先水平，自然也产生了不少记录技术发展成就的著作。手工业的技术文献，最早有先秦时期的《考工记》，里面记录了木工、金工、皮革、染色、刮磨、陶瓷等领域的制作工艺和检验方法，从这里可以知道 2000 多年前我们的祖先就学会了如何造车、造宫殿、造兵器、造礼器（玉器、铜器）、造钟等。农业方面的技术文献，较早的有南北朝时期的《齐民要术》，里面记录了 1400 多年前黄河中下游地区，我们的祖先是如何生产水稻、种植植物、养蚕、畜牧、烹饪的。明朝初建（1368）到中期（1572），政治局势相对稳定，农业慢慢恢复，商品经济的繁荣超过以往任何一个朝代，加上南北贸易、海外贸易往来活跃，棉纺织业、制瓷业、工业和造船业等已经发展成为产业，且在生产技术和生产工具上有了巨大进步。正是因为农业和手工业发展处于鼎盛时期，宋应星才得以把上千年来农业和手工业生产方面的知识、技术、经验等作系统性总结，写就《天工开物》这部工艺大百科全书。在古代，当技艺被认为只是工匠的低贱技能，难登大雅之堂时，《天工开物》却对各地工艺技法进行了详细描述，让我们得以在今天窥见古代科技的丰富性和创造性，感受到中华民族的智慧和创造力。

宋应星
与
《天工开物》

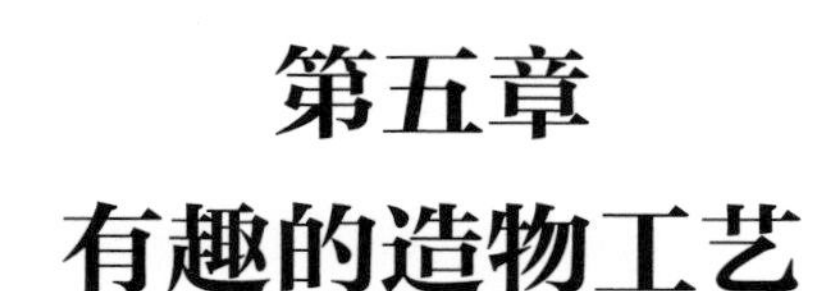

第五章 有趣的造物工艺

一、以竹杀青——造纸技艺

1. 奉新土纸

提起中国四大发明之一的造纸术，东汉时期的宦官蔡伦造纸被世人所熟知。不过，仔细考究起来，1957 年出土的西汉灞桥麻纸，表明蔡伦并不是最早发明纸的人。在《天工开物》中，宋应星就认为纸的发明不应该归功于某一个人。但不可否认，蔡伦在改进和推广造纸术方面起到了决定性的作用。

这里以奉新土纸的制作技艺为代表，从造纸的原料选择、工具使用、制作步骤，再到纸张的意义、用途等进行叙述，来进一步分析古代造纸术。奉新土纸制作技艺是千百年传承下来的传统技艺。地处江南的奉新山区竹木资源丰富，为土纸的生产提供了天然的条件，澡溪、百丈山、柳溪、甘坊、石溪、仰山等地的乡民，以造土纸为主要副业，而且土纸过去曾是奉新对外贸易的主要产品。至今，奉新的山区乡镇仍大量保留这种造土纸工艺。在《天工开物》第十三卷《杀青》中就用专门的一个章节记录了奉新造土纸的技艺。

“杀青”，《后汉书·吴佑传》中提到：“恢欲杀青简以写经书。”宋应星把杀青看成造竹纸的第一道工序——浸竹去青，他说：“浸至百日之外，加工槌洗，洗去粗壳与青皮（是名杀青）。”这里进而把杀青看成造纸的同义词。

2. 竹麻

制土纸，首先要“采竹麻”。采竹麻又叫产麻，即上山选竹、砍竹。每逢“当年”（指长春笋之年，与“背年”相对）清明以后，春笋长至6个月左右，脱开杈，长嫩叶时，砍倒嫩竹，再将其裁断至140厘米长，破开成4厘米宽的竹片，不同地区略有些不同。这些被砍伐的毛竹就被称为“竹麻”。进山产麻有许多讲究。农民们择日上山，先到“山神庙”或“土地祠”烧香，以保做事平安并无蚊虫叮咬。生活用语、使用工具等均有专称：产麻刀称“开山”，挑麻竿称“船篙”，吃饭称“打铁”，喝水称“打水铁”，山上有石头滚下提醒山下注意称为“豆腐来了”，等等。产麻期间，众人一律要用术语，否则感觉对自己不利。

采完竹麻，即可进行加工。将竹麻放置塘内，用生石灰加水将其腐化，竹麻与生石灰比例为50：6。腐化时间最短3个月，长至一年时效果最佳。将腐化好的竹片上的石灰残渣用清水清洗干净，再次将竹片放回塘内加水，进行第二次自然腐化，直至水色变成腐黑，将水排掉，把竹片捞出洗净、晒干，称之为“浸麻”或“熬竹麻”。接着“舂麻”，将竹麻的干料，用水浸透，放入“竹麻碓”（水碓）中，用水车转动的动力拨头。再用拨头按压大的木棰，使其敲击石臼中的竹麻，反复翻动、击打它，直至将其捣烂为止。

3. 抄纸工艺

前期准备完成，就到了抄纸这一重要工序。抄纸有诸多讲究，在这一工序中所使用的工具种类较多，按照工艺先后，在荡纸入帘与覆纸成案这一工序中所使用的工具有如下几类：槽、槽竹、浪竹、半身板、翻斗耙、榨耙、抄纸帘、帘腕、帘床、水枧、杨桃房、站脚板、压案板、揭案板、竹切刀、隔帘等。

槽

在以上所列工具中，“槽”是最为重要的工具，其他工具围绕“槽”而设，或在槽中实现其功能。“槽”形如长方体方斗，底狭上宽，长约 5 尺（166.67 厘米），宽约 2 尺（66.67 厘米），高约 4 尺（133.33 厘米）。槽上装水枧，用水量可自由控制。槽中间有一个隔断，将之分为大槽与小槽，小槽在大槽的左侧。两槽以大槽为主槽，用以盛放纸浆，荡浆入帘就在这个槽中操作；小槽又称子槽，用于盛放打好的竹麻。搅动用的竹竿叫槽竹，一般用两根槽竹以提高效率。划竹麻的时候，两根槽竹碰撞，一根槽竹将竹麻顶过去，另一根槽竹又将之顶回来，事半功倍。槽最初由竹制，后因木材较竹材使用时间更长，就改为了木制，现奉新县九仙村山下很多人家已将之改成了水泥槽，而山上做纸人家则是竹制槽或是木制槽共存。“槽”是荡浆入帘与覆纸成案这一工序中体积最大、最受重视的空间，也是抄纸艺人每天时时都必须直接面对的装竹麻、装纸浆的大型工具。其他一切工具的操作都要在这一空间中完成，纸质的好坏、一家人的生存依托，也都全赖于这一空间，其他相关工具均放置并运用于这一空间之中。

杨桃之水

春烂的竹麻入槽后，槽内放置清水，再加入“羊桃”之水。“羊桃”通杨桃，即杨桃汁。杨桃汁起到一种润滑作用，避免纸张表面粗糙，且有利于纸与纸之间不粘连。杨桃叶子采摘时间多在农历七月中旬至中秋节前。这期间采摘的杨桃叶，汁液较浓。太早，叶子太嫩，汁不好；若采摘时间过晚，气温降低，杨桃叶就都掉光了。采摘主要以叶与嫩枝为主，然后放在铁皮桶中烧 3 天 3 夜。一般采摘 100 来斤，放水多少没有固定标准，依据浓稠情况，自由调整。制成后的杨桃汁状态是加了石灰后的固态。加石灰，为的是防止变质，延长保存时间，用的时候再将它稀释一下，就像胶水一样。将舂好的竹麻与杨桃水搅拌之后，即为“纸浆”。

抄纸与启纸

接着用帘网抄纸，抄纸帘以极细的竹丝编成，帘下有竹筐托住。两手平持抄纸帘，荡起纸浆入帘，称为“抄纸”。抄纸有两点特别需要注意：一要注意水要端平，不会抄的人操作，就会出现端不平的毛病；二是横竖拉两下，第一下叫横水，第二下叫竖水。纸浆有纤维在里面，靠水冲，横着拉一下，竖着拉一下，就像十字的交织网一样，抄出的纸才有韧性，不易断。如果手法不好，抄的纸一拉就断。纸的厚薄由人的手法决定：轻荡则薄，重荡则厚。初学者往往厚薄不均，掌握不好。提起抄纸帘，水便从帘眼漏回槽内，把帘网翻转，将纸落在木板上，叠积数千张，便为“一格”，然后用专备的“榨机”将纸中的水分挤出，去两头，将纸一张张揭起，称“启纸”。揭纸要用巧力，不能用蛮力，注意不能将纸弄烂。压榨好的纸块进行分启，每 4 张为一帖。进行分启后对叠一下，反复操作，每 20 帖为一卷，每 10 卷为一块。将分启的纸卷成小卷，这样便于搬运、晾晒。如遇天气不好，纸放久了，就会变质、霉烂。把晾晒干的纸张整理平齐后就可以打包，每块为 4 斤重，用竹麻篾捆绑好就可以销售了。

土纸制成之后，一部分通过邻县销往其他地方，还有一部分纸张由本地区或相邻村庄作为冥纸祭祀使用，纸钱成为民俗信仰体系表达方式中不可或缺的物化符号。清康熙元年（1662）版《奉新县志·舆地志·风俗》记载“风声习气，多近吴越……遗体受荫”，风水文化的尊崇，祖先崇拜，礼、教的结合共同形成了奉新地区具有地域特色的宗教信仰体系，天地神灵崇拜、祖灵崇拜、许仙真君崇拜是该地区普遍的宗教信仰，贯穿于丧俗、节俗、婚俗及日常生活之中。新春佳节，造纸人家要在压纸架上贴上纸符以辟邪，并期望能给来年带来财运。纸符以长方形红纸为底，上书“水面生财”四个大字。现在为提高效率，一般剪裁一块长方形红纸贴于压纸架上。土纸作为制作冥钞的材料，被广泛运用于民俗生活之中。当有人离世，亲戚如娘舅、姑姑、女婿就要买纸送到家里去。纸一般要带两团，一团 3 斤，除两团纸外，还要买一个踏花被、一个花圈、一捆爆竹，这是该地方的乡俗。各地过年过节的风俗是放鞭炮，奉新地区还要拜许仙真君。许仙是旧社会一个老爷，当地用木头和漆给他塑了像，农历八月初一是许仙真君的生日，大家都去拜拜，以求病除。农历每月的初一、十五都要拜天地。拜天地的时候将香与蜡烛插在没有水泥的地上，向天地作揖，祈求天地保佑，身体健康。过年拜的时候要泡碗茶、添酒添饭，准备一块一斤或半斤的肉，拿筷子插在上面后，再放在碗里，再将碗放在凳子上，端到外面，点上 2 根蜡烛、9 根香。此外，就是一定要拿一捆纸，一斤或是半斤都可以，将纸烧给许仙真君，再放爆竹。在科学技术尚不发达的封建社会，人们通过这样的民俗活动，来寻找心灵的安慰。

4. 技艺传承

随着时代的发展、科技的进步，土纸制作技艺也处于传承濒危状态。而奉新依托宋应星科技文化园这一传统农耕主题文化园及整体的旅游开发保护，对土纸这一技艺进行全面有效的保护和传承，并使之在历史文化旅游中发挥重要作用。奉新土纸制作技艺于 2008 年被列为江西省非物质文化遗产。奉新县的纸槽造纸技术是千百年传承下来的原生态的手工业生产技术，它为我们研究古代工艺技术提供了范本。纸槽生产过程中有许多民间的禁忌、习俗、礼仪，这些民间文化传承了民族传统，富有浓郁的地方气息，对保存和延续中国古代传统技艺具有重要作用。

二、陶制盛器：陶瓷烧制工艺

《说文》释："罂，缶也。"罂瓮，是一种小口大腹的陶制瓦器，属于圆器类。晚明时期，中国陶瓷业发展已经十分成熟，生产分工细致，专业化程度高。历代的陶瓷论著，多关注宫廷、贵族、文人制瓷与用瓷，很少有如《天工开物》"罂瓮"中，对普通百姓使用的缸瓮、钵盂成型与烧制工艺进行如此细致的记录。

陶器以黏土为胎，以手捏、轮制、模制的工艺方法成型，有挂釉与不挂釉两种，挂釉又有挂全釉与挂半釉的区别。除了宫廷用的龙凤缸与南直花缸以外，陶器多为民间日常生活用器。陶器制作简便，造价低廉，使用方便，是人类农耕文明时代定居生活不可或缺的生活用器。

"瓷"字由部首"次"与"瓦"组成，《说文解字》云："瓷，瓦器。从瓦次聲。"在商周时期，随着陶器生产工艺和青铜高温冶炼工艺的成熟，瓷器产生了一种全新的材料形态。至明朝，景德镇瓷器使用高岭土作胎，使用二元配方，将窑温提高到1200～1300摄氏度，吸水率降低至1%或以下，使得陶瓷制作工艺有了较大改进。1971年，在河南省安阳市北齐范粹墓葬中出土了中国最早的白瓷。白瓷的产生经历了漫长的发展过程，是人们以由黄变白为目标不断努力的结果。白瓷在隋代进一步发展，最终在唐代形成了"南青北白"不同瓷器风格的局面。白瓷的产生也奠定了后来青花、斗彩、粉彩等彩瓷系列的基础。因此，白瓷制作工艺的成熟对中国瓷器的发展及瓷器美学的发展产生了重要的作用。

1. 烧制工艺

垩土及南北窑口

制作白瓷的胎土为白色瓷土，又名垩土，白垩是一种白色疏松的土状石灰岩，是由古生物残骸在漫长的地质历史时期积聚而成，在定州市（今天的河北省曲阳县涧磁村、燕山村，定窑所在地）、华亭市（今天的甘肃省华亭市，明朝陇上窑所在地）、平定县（今山西省平定县，唐宋时期平定窑所在地）、禹州市（今河南省禹州市，宋代钧窑所在地）、德化县（今福建省德化县，宋代德化窑所在地）、婺源县（今江西省婺源县）、祁门县（今安徽省祁门县）等地均出产这种白色瓷土。

景德镇瓷器制作的原料泥

（1）原料泥的二元配方

在南宋以前，景德镇制瓷业使用的是单一原料配方，然而，随着表层瓷土资源的枯竭，制瓷业面临着原料短缺的危机。后来人们发现了高岭土，它的引入改变了原料配方，形成了瓷石和高岭土的二元配方。这一重要发现解决了原料短缺的问题，并促使景德镇瓷器从低温软质瓷向高温硬质瓷转变，同时也使烧制大件和超大件器物成为可能。这种二元配方的使用成为制瓷工艺发展中的重要工艺，确保了瓷器的质量和生产。

（2）景德镇的瓷土与瓷石

景德镇瓷业的鼎盛得益于高岭土的发现和使用。德国地质地理学家李希霍芬将高岭土的学术名称译为国际通用英文“Kaolin”，使得高岭土一词在全球范围内得到传播。景德镇的高岭土分为东埠高岭和明砂高岭，前者纯度高质量好，成为世界通用的陶瓷黏土。高岭土最初的开采时间究竟是在宋、元、明、清这几个历史时期的哪一时期始终存有争议，新编《浮梁县志》认为，南宋时期为私人开采，明万历至清乾隆时期为官方开采最盛。

高岭土主要由高岭石与埃洛石组成，最早用于制瓷的是麻仓土。高岭土矿源采用露天开采和坑道开采两种方法，其中露天开采成本低、安全度高。加工过程中，高岭土首先要用水淘洗，经过淘洗池去除杂质，然后制成方块，运输至景德镇制瓷。

瓷石是石质土制作不（dǔn）子和釉果的原料，分为风化型和未风化型。制作不子的矿床分布在浮梁、柳家湾等地，制釉果的矿床分布在浮梁、鄱阳等地。矿石开采采用明矿开采和暗矿开采两种方法，加工过程包括粉碎、过筛、淘洗等步骤。不子可分为高岭不子、瓷石不子、釉果不子，还有红、黄、白不子，用于不同品质的瓷器配料。

2. 加工工艺

练泥与去铁

练泥是制瓷过程中至关重要的一步。它包括精炼和踩泥两个阶段。精炼过程中，练泥要经过化不、去粗质渣、两次过滤、渗水稠泥、砖压去水、铁锹拍泥六个步骤，提高泥料的纯度和质量。能用于拉坯的泥料还需经过踩泥的过程，将陈腐好的泥取出，加3%的水，赤脚踩泥，一边踩泥一边用特制泥铲拍打，将其中空气泡排出。

去铁工艺对于制作白瓷至关重要。去铁是一种减少原料泥中铁含量的方法。制作白瓷时，除了要求工艺高以外，白度也非常重要。尽管制瓷匠人会仔细处理原料泥中的铁质，但仍会有微小的残留。于是在制作过程中，可以利用过滤筛和吸铁石去除泥料中的铁质。对于釉料中的铁质，只能在上釉时利用吸铁石去除。现代白瓷制作中采用灌浆的工艺，以尽可能减少铁质含量。

瓷坯成型

（1）印器与圆器

根据《天工开物》中的描述，宋应星生活的晚明时代的制瓷行业中有两种主要成型工艺：印器和圆器。印器采用模印、手捏和拍片黏合的方式成型，形状多样且工艺复杂，主要做为陈设品和宫廷用途。而圆器则专门生产日用瓷，通过拉坯成型的方式制作，产量占瓷业的大部分。这两种成型工艺在瓷器的种类、工艺、设备和习俗上都有不同，体现出瓷器发展历史中的显著区别。

（2）成型工艺

宋应星在书中专门介绍了圆器的成型工艺，包括拉坯、印坯、晾坯、汶水与利坯的工艺过程。拉坯使用陶车，先制造陶车，然后以短竹棍拨运旋转来成型。成型的粗坯要印坯定型。这些成型工艺与现代手工操作基本相同，但现在已经普遍采用了电动转盘。但注浆、机器压制等在《天工开物》中的成型工艺与商业化成型工艺是不同的。

根据书中描述，印坯过程需要使用模利和木巴掌。首先，在盔帽上挤压将坯体挤平，然后用手拍打坯身，打平底部。第一次印坯后稍微晾干，再进行第二次印坯，称为“套坯”，以进一步定型。在利坯前会进行多次汶水，将晾干的器坯放入水中湿润，以便于利坯。上釉前也会进行汶水，目的是清洁器表并防止瓷器欠釉。现代景德镇仿古瓷工艺过程与文中描述有些差异，但仍然保留了汶水的环节。

利坯是将印好的坯按照要求切削一层，并挖掉坯足的技术。根据《天工开物》的记载，利坯有两个关键点要把握好：刀要经过两次使用，并且要注意手的稳定性。利坯使用陶车和利坯刀，刀具有不同的规格，可以根据需要进行加工。

（3）釉彩工艺

①裂纹釉

裂纹釉是一种装饰工艺，起初是瓷器制作的缺陷，后来逐渐成为陈设瓷器的一种特色。它是由于釉与坯体的膨胀系数不一致而导致的，是加热后在冷却过程中形成的不规则裂纹。现代瓷器制作中注重利用裂纹釉来装饰瓷器表面。制作裂纹釉的过程中，瓷器经过高温烧制后冷却，裂纹逐渐减少，最后釉面上会出现大小不一的裂纹。最后，用切割方法将裂纹磨平。《天工开物》中记载了制作碎器的方法，但忽略了中间上裂纹釉的工艺步骤。在景德镇制瓷工艺中，制作碎器时需要在淌水后上裂纹釉，并进行高温烧制，才能产生裂纹效果。

②配釉与上釉

“炼灰配釉”是景德镇传统陶瓷制作工艺的一个重要环节。草木灰是高温釉烧制不可或缺的原料，根据草木来源的不同，配釉具有地域特点。草木灰中含有丰富的化学成分，对熔化有助益，盐基氧化物和氧化铁、氧化铜等物质则起到媒溶剂和着色作用。施釉方式包括荡釉和蘸釉，先内后外施釉是常见操作顺序。

③“无名异”与回青

景德镇自元代开始烧制的青花瓷，逐渐成为明朝重要瓷器品种。明永乐、宣德时期采用进口料苏泥勃青，色调更鲜艳。国产青花釉料使用的无名异来源丰富，可用于青花料和桐油干燥。无名异是一种矿石，外表黄赤色，内里黑褐色。科学研究认为无名异属于某些超基性岩、基性岩的风化残余产物。根据品质与产量，无名异可分为上、中、下料，青花瓷器和皇家用青花龙凤瓷器均用青花上料。

④颜色釉与窑变

《天工开物》记述了紫霞色杯与宣红器的烧制过程。然而，根据实验证明，“以湿胭脂一抹即成”的紫色釉无法烧制出来。景德镇紫色釉瓷器的烧制主要有玫瑰紫、丁香紫和茄皮紫。配制这些色釉需要添加含钴、锰的原料，烧制温度也有不同要求。窑变是一种不可预知的色调变化，具有艺术性。相传有许多与窑变相关的传说，《天工开物》中也有借烧宣红而以身祭窑的事例，来批判传谣者的妄言。

（4）烧制工艺

瓷器画坯并施釉以后，即可装匣待烧。作为盛装瓷坯入窑烧制的容器，匣钵的用材、烧制工艺及质量直接影响着瓷器烧制。比如，匣钵烧制用材中若含有牛筋土、蛇纹黄土、轻骨头土、扁石头片等，就会造成瓷器烧制过程中匣钵倒塌、倒窑；若材料中含有铁质，在高温烧瓷过程中可能会迸射到瓷器器表，就会造成瓷器器表的黑、褐色污点。明景德镇湖田、昌江西岸有专门的匣钵生产作坊群。匣钵材料可根据地区名命名，不同土料具有特定特性，用于制作不同类型的匣钵。装匣时，使用垫饼或黑色糠灰填实匣钵，可避免手与坯体直接接触。大器一匣装一个，小器十余共一匣钵。

三、金属冶铸工艺

所谓冶铸，就是熔炼和铸造。我国的铸造技术源远流长，早在原始社会末期就能铸造出小件的铜器，到了商代，青铜器铸造已经达到相当高的水平。明朝时期，铸造业的发展已经十分成熟，《天工开物》中便记载了鼎、钟、釜、像、炮、镜、钱币等明朝的金属铸造技术。金属铸造工艺包括青铜与铁的铸造，整体以青铜材料为主，铁材料为辅。明朝延续了传统金属铸造工艺，据《天工开物》记载，明朝铸造大型钟鼎佛像采用的是失蜡法铸造工艺，千斤以内的小型器物采用泥范铸造法，而铜钱则采用砂型铸造法。

各种金属器具铸造技术表

名称	原料	铸造程序	铸造方法
钟·鼎	铜或生铁	1. 先用三合土制成内模;2. 用牛油，黄蜡涂在内膜上，达几分厚;3. 用细泥，炭末和成泥涂在油膜上，做成外膜;4. 干后在外模上加热使油，蜡流走;5. 铸进铜水或铁水。	失蜡法
釜（锅）	生铁 废铸铁	1. 先塑内膜上;2. 将外膜套在内膜上（四周空隙一样厚）；3. 浇铸铁水;4. 不挨冷定，揭起外模，修补细缝。	泥范法
镜	铜锡合金	1. 用糠灰和细砂做成镜模；2. 浇铸铜水。	
钱	铜与倭铅（锌）	1. 用泥土，炭末筑入木框钟，压入真钱；2. 将真钱取出，铸入铜水；3. 冷后取出修整（用钢锉锉钱边，钱面）。	翻开、砂法

1. 青铜铸造工艺

明朝青铜铸造中广泛使用失蜡法、泥范铸造法、砂型铸造法三种工艺。

失蜡法

失蜡法又称熔模法、拔蜡法、出蜡法、脱蜡法等，其技术原理来自中国商代中晚期的焚失法。《中国古代传统铸造技术》一书中将失蜡法工艺分为两种：一种是用于青铜小器件上的“捏蜡法”，如南宋赵希鹄在《洞天清禄集》中记录的用于小型佛像、印章的“捏蜡法”蜡模制作工艺；另外一种是用于大件器型青铜器铸造的“失蜡法”。采用失蜡法铸造大型青铜器所需要的制模材料包括泥模材料与蜡模材料，其中泥模材料有石灰、细砂、黏土的拌合物——石灰三合土，泥模即内范，现在称为内芯，文中称为“模骨”。石灰三合土强度高，以此做“模骨”可以防止其被金属液冲溃；外范是以绝细土与炭末混合制成。关于蜡模材料，《天工开物》中记录了牛油与黄蜡两种，除此以外，传统蜡模材料还有白蜡、松香、菜油等。书中记载了蜡模制作的油蜡配比为“油居什八，蜡居什二”，这一油蜡比例，使得蜡模的熔点比较低。《天工开物》中记载的鼎、佛像及万钧钟就是采用了失蜡法的铸造工艺。现在以书中记录的铸钟为例来介绍失蜡法的工艺流程。万钧大钟失蜡法制作工艺流程主要包括：

（1）掘坑深丈几尺，待其干燥；

（2）做内范；

（3）在内范上涂覆油蜡，制成蜡模，并雕刻纹饰及文字，蜡模厚度即为钟体厚度；

（4）在蜡模上制作外范；

《天工开物·冶铸》插图：铸千斤钟与仙佛像

（5）加热，使油蜡熔化，从口中流净，形成钟体空腔；

（6）熔铜并浇铸。

钟钮部分又称为蒲牢，蒲牢是先行铸好，在浇铸钟体的时候嵌入钟体范上，一同浇铸的，冷却以后，浑然一体。《天工开物》中记录的大型青铜器浇铸工艺，是采用多熔炉熔化金属，通过槽道一齐注入范内而成的。

泥范铸造法

千斤钟、釜、镜、炮等采用泥范铸造法。千斤以内的小型钟制作工艺过程是制外模，并剖破成两边，反刻文字与纹饰在内壁，缩小内模，制成内外模之间的空隙，然后合范、浇铸。浇铸时，采用行炉一齐熔铜，以两人或多人抬炉将铜汁相继倾入模孔浇铸。根据《天工开物》的记载及图绘可知，明朝铸锅仍为泥型浇铸，使用的浇铸材料是生铁或回收的废铸铁，使用的工具有风箱、熔炉、铁柄勺、内外模与湿草片等。工艺流程：一是按照先内后外的顺序以泥土塑铸铁锅的内外型，泥型是我国古代广泛使用的铸造方法，型范要求尺寸精准，必须符合中国古代“型范正，工冶巧，然后可铸”的工艺标准；二是以泥捏制成深锅一样，有出水口与通风口的熔炉；三是熔化铁水；四是以铁柄勺接铁水并浇铸在泥模内，在铁锅未完全冷却之时，揭开外模，进行检查并补浇铁水，以湿草片按平，一个铁锅就铸好了。锅的质量高低，可以以“轻杖敲之，响声入木者佳”进行判断。青铜镜铸造以灰砂做模，属于泥模铸造工艺。制作镜模所用的灰砂要求颗粒细小，制成的泥模要有透气性，因此古代镜模材料一般选用颗粒极细的细砂拌合透气性、保温性较好的稻壳灰之类的材料。《天工开物》没有记录明朝火炮的铸造工艺，凌业勤认为：“在古代，无论中外，都一直是采用泥型铸炮。”

由此推知以上火炮均采用泥范铸炮法铸造。凌业勤在《中国古代传统铸造技术》一书中叙述了泥范铸炮法的工序过程：一是制泥炮（泥模）；二是制泥范，以泥炮为模，分段翻制出两开或多瓣的泥型；三是制泥芯；四是合型浇铸。

砂型铸造法

砂型铸造法主要用于制造钱币等物。《天工开物》中记载的明朝铸钱工艺正是源自唐初的“翻砂铸钱法”，采用加入炭粉（加入煤粉等附加物做砂型是为了防止黏砂）的单一黏土砂湿型铸造，其工具及部分材料包括筛子、熔铜坩埚、熔炉、风箱、砂箱、锡雕母钱、细泥土与炭的细末、杉木或柳木炭灰、鹰嘴钳、竹条或木条、锉刀等。根据书中文字叙述及图绘，其铸造工艺过程可以分为以下几个环节：一是将泥土与炭末混合填实木框，造砂型；二是撒杉木炭灰或柳木炭灰在表面分型；三是将锡雕母钱排列于分型剂上；四是再造一砂箱，并与前面一箱将母钱扣合；五是翻转砂箱，使母钱翻落于下砂箱中；六是再造一砂箱扣合于母钱之上，依此类推，可制成十余框；七是将木框用绳捆紧，由钳工持鹰嘴钳提出熔化了的铜水，从框上预留的浇铸口进行浇铸；八是待冷却后，摘下铜钱，穿在木条或竹条之上，以锉刀锉边沿部分，然后取下，逐个锉表面即成。

2. 铁的锻制工艺

明朝铁的铸造以铸造生产锅具为多，广东佛山地区是明时重要的铸铁中心；铁的锤锻工艺主要运用于明朝的兵器、农业生产工具、木工工具、铁针、铁锚的制作等方面，其中生淋铁口的工艺技术提高了各类工具的性能，改变了所造之物的工艺形态与品质。中国古代铁的种类有块炼铁、生铁、熟铁、钢四种，皆为铁碳合金。生铁、熟铁及钢的区分，在《天工开物》中是这样记载的："凡铁分生熟，出炉未炒则生，既炒则熟。生熟相合，炼成则钢。"明朝冶铁业地域范围宽广、工艺成熟，冶铁技术被广泛地运用于生活用器、兵器与农具等多个方面的制作。

块炼铁含碳量在 0.5% 以下，因受鼓风器及炉具等辅助器具工艺的制约，炉温较低，不能将含铁矿物质完全熔化，其中含有较多杂质，且冶炼后，"渣滓中含铁量竟达 50% 之多"，对原材料浪费较大。生铁含碳量在 2% ～ 5% 之间，又可分为白口铁、麻口铁与灰口铁三种，总体而言，材料较为坚硬、耐磨，但是较脆，适于铸造工艺，不适于锻压工艺，因此又被称为铸铁。

《天工开物》中记载的生铁熔铸工艺包括以下几个环节：首先将铁矿石采回，如果是砂铁，要在熔炼以前淘洗干净，然后放入炼铁炉中鼓风熔炼，待化成铁水以后，若是用于铸造，就直接注入铸模中。熟铁则要在这一基础上进行进一步处理。熟铁含碳量在 0.05% 以下，由生铁精炼而成，其材料特性是质软、延展性好，可塑性强，适于锻造与焊接工艺。

生铁炒成熟铁的工艺过程中，有两个关键环节。一是《天工开物》"生熟炼铁炉"图中所绘，铁水自熔炉流入方塘之前，要先流入一个圆塘，塘下的文字说明这一工艺形成的是"堕子钢"这一物质。"堕子钢"是生铁而非钢的材料名称，在《五金》"铁"条钢铁炼法中有记录："广南生铁名堕子生钢者妙甚。""堕子钢"的生铁属性是十分明确的。第二个关键环节是铁水自圆塘流入方塘后，要"疾手撒滟"，并"柳棍疾搅"，其目的就是通过反复的氧化精炼，来促使生铁脱碳，以得到熟铁。用柳棍抄炼就是为了加快氧化脱碳的速度。钢材料性能坚韧，可塑性强，适于通过锻造工艺制成各种工具、兵器等。对于钢铁的冶炼方法，《天工开物》中记录了明朝“生铁淋口”的灌钢炼制。小型农具刃部以“生铁淋口”进行钢化处理，《天工开物》对其工艺过程做了简单记录，先将锄、镈类用具用熟铁锻出，然后以生铁水淋工具刃部，最后淬火。生铁水淋口，采用了一种最经济、最便捷的技术手段，将农具刃部做了钢化处理，使农具的刃部更加锋利、更加坚韧、更加耐磨，既提高了功效，又延长了工具的使用寿命。对于浇淋的生铁水量，《天工开物》指出，是根据农具本身的重量，按照 1：0.3 的比例操作。

明朝青铜铸造工艺沿袭了传统铸造的三种工艺，但在熔炉、鼓风设备、多人操作的组织方式方面更有时代特点，完全适应了当时铸造大型器件的工艺要求；铁的锻制工艺在明朝生炒熟铁技术及炼钢技术成熟的基础上形成，也让明朝的工具制作呈现出钢化的特点，使工具的性能大大提高、使用寿命延长。明朝金属冶铸工艺的继承和发扬创新，通过《天工开物》一书的详实记载得到了很好的保存和延续，给后人留下了一项成熟的手工技艺，使得我们能够在这里细细品味古人的智慧，感受中国传统手工艺的魅力。

四、桑蚕丝缫丝与织、染工艺

明朝丝织种类繁多，丝质优良，其所制成的华服绚烂多姿，奢华异常，受到各个阶层的喜爱。晚明丝织能够达到如此前所未有的高度，与桑树种植、蚕的养殖、茧的生成、丝的抽取与处理、织造的技艺、织机的改进等各个工艺环节都有着密切的关系。

1. 植桑养蚕

桑，桑科桑属，落叶乔木或灌木，是地球上古老的物种之一。桑树的品种、栽培条件直接决定着桑叶的品质，而作为蚕的唯一食料，桑叶的品质将直接决定蚕的成长状态、结成的茧的质量，最终会对蚕丝的长度、韧度、光泽度产生重要的影响。

“养蚕之法，茧种为先。”做种的茧子要审慎选择，《天工开物》明确提出茧子选取的基本原则——选择健康的茧子，并有更为具体的描述，“其母病，则子病”，因此在开蔟时要选择靠近蚕蔟上部向阳的茧子，或是在苫草上的茧子，这样的蚕一般都身体强健，喜欢抢夺做茧的最佳位置。蚕农们常说，养好小蚕一半收。蚕喂到末期，开始进入熟蚕期，其状态表现为：虫体上半身呈现透明状，这时的蚕已经准备上蔟吐丝结茧，蚕的抱养也至此结束。

熟蚕上蔟以后，喜往上爬，爬至最高处以后会在最高处滞留几个小时，然后才开始在蔟上自上往下寻找适于结茧的位置，若蚕少格多，蔟上面会排满茧，而下面都是空的，若有蚕在下面做茧，多因体弱，或为病蚕，因此做种的种蚕，不取下面的茧。

熟蚕入蔟吐丝结茧分四个步骤：第一步吐丝结制茧网，起到固定营茧四周位置，不具茧形，这部分丝弃而不用；第二步是老蚕结好茧网以后，以S形吐丝方式结制茧衣；第三步结成茧层，由蚕吐出的S形丝圈组成的多个茧片重叠加厚，由外而内，由茧层至内层形成，这一部分丝排列均匀，富有光泽，用于丝绸织造的就是这茧层部分的丝；第四步是结制蛹衬，内层即将织完后，吐出的松散柔软的薄层茧丝层，以最后吐出松软茧顶宣告结茧的结束。

2. 缫丝工艺

蚕茧去掉浮丝以后，“其茧必用大盘摊开架上”，进入缫丝或拉丝绵的工序。蚕茧茧丝主要成分是丝素与丝胶，丝素与丝胶虽都是蛋白质分子，但丝素蛋白质分子难溶于水，而丝胶蛋白质分子易溶于水。缫丝就利用了丝胶、丝素这两种蛋白质分子在溶解性方面的特性。其工艺过程是将光茧（去掉外部浮丝）放入水或蒸汽中浸渍、蒸煮，使光茧外围的丝胶适度膨润、溶解，将生丝抽取出来。根据浙江钱山漾遗址出土的索绪帚，以及呈平直状、无加捻的绢片丝纤维，表明良渚文化时期，我国的丝纺织技术已达到很高的水平，也证明了缫丝技术始于新石器时代。

《天工开物》中记载了明朝脚踏缫丝车与“热釜”缫丝相结合的工艺，除此之外还有“冷盆”缫丝法。其“热釜”缫丝边煮边缫，效率较高，但若投茧量过多，煮的时间过长，易使茧丝变性，而影响丝质。冷盆缫丝法因可以更好地控制煮茧时间与煮茧度，使其变性危害降到最低限度，因此其丝质较“热釜”缫丝为好。

在明朝中晚期，商业发达，如何保证丝质、节省能源与提高功效，是当时缫丝业十分关注的问题。《天工开物》中还记录了两种保证丝质的工艺：一是以“极燥无烟”柴薪烧火抽丝，以保护蚕丝的“宝色不损”；二是“出水干”的抽丝工艺，即在抽丝过程中，在大关车五寸远的地方放置火盆，当大关车“运转如风时，转转火意照干”。

3. 织造工艺

织造工艺有调丝、卷纬整经两道工艺。“凡丝议织时，最先用调”，调丝就是将缫车上脱下来的生丝，张丝于络笃(柅)上，再转络于小篗上，是织造丝绸工艺中的第一个环节，为后续的“牵经织纬”工艺做好前期的准备工作。

卷纬整经，卷纬即将蚕丝绕在篗子上后，就可以牵经卷纬。卷纬又称纬络、摇纡，是将蚕丝自篗绕到细竹管上，穿梭作纬所用。而整经即是将蚕丝绕在篗子上后，通过经具，按照所织物件的长度、幅度，将篗子上的丝线最终卷绕在经轴上的工艺过程。

丝绸织造工艺也广泛应用在服饰织造中。中国古代织造的丝绸制品装饰纹样丰富，装饰效果灿若云霞。明朝丝织手工提花技艺成熟，罗、纱、绫、绢、缎等织物异彩纷呈，纱地、罗地、缎地妆花、本色花、织金银是明朝丝类织物织造富有特色的装饰纹样、装饰技法，地纹织造精密细致，装饰纹样丰富，色彩绚烂华美。

罗，从组织结构来讲，罗是平行纬纱与扭绞经纱所构成的中型厚度丝织物。从织花工艺来讲，就是 “纠纬而见花” 。纱，从组织结构特点来讲，“纱类丝织物是指全部或部分采用由经纱扭绞形成均匀分布孔眼的纱组织的丝织物；后来把有均匀分布方孔的、经纬捻度较低的平纹丝织物称为纱” 。绢，作为一种丝织品，较纱、罗为厚；明朝根据是否有提花将绢分成素绢与花绢两种。绫，为斜纹织物，织造中每隔四根经线提起一根，形成五枚织物组织。缎，具有色泽富丽、手感光滑柔软、品质富贵华美的特点，在明清时期广为盛行，是王公贵族所喜爱的一种丝织物。按照其工艺过程而言：“先染丝而后织者曰缎。”若按照组织结构而言，“缎是经纬线交织位置按照一定规律分散，且有较长的经线或纬线浮现于表面的织物” 。

4. 桑蚕丝自然染色工艺

自然染色工艺发展历史与概念定义

工艺技术的进步在明朝的手工业发展中发挥着重要作用。晚明时期服饰色彩纷呈，原料多样，织造工艺成熟。在服饰印染中，人们已熟练掌握了植物染料的材料特性,水煎方式的染液提取工艺,以及套染、复染、媒染的染色工艺。

染色，是我国目前发现对纺织品进行再加工的一种较早的工艺手段。据考证，在旧石器时代晚期人类就已经开始使用染色工艺，夏商之后，植物染料逐渐出现，从秦汉时期到南北朝时期，植物染料的炼制已较为完备，进入隋唐时期，各种新式染色方法也逐步出现，到了明朝，染色已成为丝绸加工的一个重要手法，之后发展了套染技术，色谱项目逐渐扩大，印染工艺不论在选用染料还是染色技术方面，都日趋成熟。

桑蚕丝自然染色色彩类型与名称

明朝服饰染色采用草木染的自然染色方式，具有强烈的象征意义与浓厚的政治色彩,草木所染之色不再是其所固有的物理属性的表现,而是发挥着确定人之上下尊卑、高低贵贱社会等级的功能。传统生活中富有象征意蕴的华美色彩，均以自然染色工艺获得，而服饰染色主要以草木染色为主。自然染色色彩有以下五类：①草木染红；②玄、黄染色；③青、绿染色；④靛蓝染色；⑤紫染。

桑蚕丝自然染色工艺流程

明朝时期，中国传统草木染色工艺走向成熟，植物染料种类繁多，染色方法多样，配色、拼色及色谱范围广泛。其具体染色工艺流程有：

染液提取、浸染与媒染、复染与套染、水洗色牢度。

（1）染液提取

《天工开物》中记载了两种主要的染液提取方法：一是水煎法，这是染液制取中所采用的主要方法；二是发酵后，以烧碱、保险粉进行氧化还原反应法，如蓝靛染液的制取。

（2）浸染与媒染

浸染，以 1 ：20 浴比将织物浸泡于以上提取的标准染液中。浸染分冷染与热染两种：冷染在室温进行，无需加热进行浸染；热染是将织物置于标准染液中，将温度提高至 60 摄氏度，浸染 15 分钟。

矾与矾媒染，《彰施》中记载了明矾与青矾这两种媒染剂的使用。在草木染中，除了这两种媒染剂以外，常用的媒染剂还有蓝矾媒染、氯化亚锡媒染、氯化锌媒染等。

（3）复染与套染

草木染色中，除了媒染以外，还有复染与套染两种常用的染色方式。复染是加深织物染色的有效方式，即将织物放于染液中浸染，通过多次地在同一浓度的染液中反复浸染，来加深所染织物的颜色，草木染色中所有颜色都可以通过多次复染来加深颜色。

（4）水洗色牢度

按照合成洗涤剂 4g/L 的比例配比，水温 40 摄氏度，浸泡 30 分钟，然后搅拌来检测水洗色牢度。棕褐色系列水洗色牢度最好，特别是含鞣酸，不论是蓝媒，还是绿媒，效果都要优于红色系列。

明朝手工业已经全面走向成熟。丝、棉、麻、葛织造工艺既织出了富有珠光宝气的绫罗绸缎，也织出了供百姓穿着的短褐枲裳。

宋应星
与
《天工开物》

第六章
当代中国制造的文化基因

一、人与自然的和谐共生

1. 恶化的自然环境

地球是人类赖以生存的家园，良好的生态环境是人类文明存在和延续发展的基础。自然环境没有替代品，生态资源于人类而言用之不觉，失之难存。习近平总书记在 2019 年中国北京世界园艺博览会开幕式上讲道："仰望夜空，繁星闪烁。地球是全人类赖以生存的唯一家园。我们要像保护自己的眼睛一样保护生态环境，像对待生命一样对待生态环境，同筑生态文明之基，同走绿色发展之路！"环境问题的解决并非一蹴而就，近年来我国一直在强调生态文明建设，全面推进"碳达峰、碳中和"进程，深入贯彻新发展理念，践行绿色低碳生活方式。但是环境问题依旧不容乐观，气候变暖导致的冰川融化，海平面的上升；生物多样性的减少；有毒有害化学品的排放；海洋污染；荒漠化加剧；

极端天气事件频发等问题，使人类生存发展面临严峻的考验。根据联合国发布的环境报告显示，目前世界上四分之一的疾病源于环境因素。以人类向海洋排放核废水为例，核污水中的放射性物质，会使海水缺氧，威胁海洋生物的生存，导致水质污染，污染物积累在水生生物体内，破坏渔业发展，最终结果是人类自食恶果。以牺牲生态环境为代价取得的经济快速发展是短暂的，对大自然的伤害最终会伤及人类自身，这是无法抗拒的规律。

2.《天工开物》中的生态意识

尊重天工。《天工开物》的生态意识在其书名上就有所体现。学界对于书名的理解一直存在着三种解释，其中以杨维增专家的解释为多数人认可。“天工”指自然力，“开物”指人工开发。天工开物读成天工——开物。只有在人的工巧与天然物质条件相互协调适应、互相配合之下，才能开发出适用之物。“适应自然、物尽其用”是对中国传统工艺的普遍要求。因为传统工艺以自然材质为主要物质基础，只有适应自然才能符合客观规律。宋应星在《天工开物》卷序里就开宗明义：“天覆地载，物数号万，而事亦因之，曲成而不遗。岂人力也哉？”意思是说，自然界有数以万计的事物，丰富多彩，完满无缺，这是由它自身的运动变化（所谓“天工”）形成的，而不是人力做出来的。《乃粒》中详细记录了不同谷物从种植到收获的过程，人们在一定时节播种、一定时节收获，遵循谷物生长的自然规律。还提到“生人不能久生，而五谷生之；五谷不能自生，而生人生之”，意思是人的生存离不开五谷，而离开了人的播种和加工，五谷就不能自行生长，表明人要与自然和谐相处，在尊重自然的基础上充分发挥人类的主观能动性。他在《珠玉》中记述了珠、宝、玉的品种、特性、产地和生产加工技术。告诉大家不要违背自然规律肆无忌惮地滥采。

宋应星在《彰施》中记载了红花、蓝靛、槐花等几种染料植物的种植、采摘以及染料的制作方式。草木染是运用植物的根、茎、花、叶、果实、果皮、干材等为染料，通过单染、套染和媒染等染色技术对棉、麻、丝、葛等天然纤维进行染色的传统染色方法。现在我们所使用的纺织品染色多用的是化学合成染料，化学染料的原材料主要是石油、煤炭等，这些原料不仅消耗快而且不可再生，在前期生产和后期使用的过程中都会对环境造成一定污染。而草木染的染料源于自然，具有良好的环境亲和力，其染液可完全生物降解，并且其原料是可再生的，从采摘原料、生产到使用都不会对环境造成污染。《天工开物》中体现出我国古代造物思想的和谐性和系统性，十分注重“人与自然”之间的平衡关系，强调取于自然，用于自然，同时注重回馈自然。

生态循环。变废为宝、循环利用，化腐朽为神奇，既是科学亦是艺术，中国固有“民间无弃物”之说。宋应星在《彰施》中记述：“凡红花染之后，若欲退转，但浸湿所染帛，以碱水、稻灰水滴上数十点，其红一毫收转，仍还原质。所收之水藏于绿豆粉内，放出染红，半滴不耗。”意思是用红花染过的丝绸，如果想要褪色，只需要把它浸湿之后，再滴上几十滴碱水或者稻灰水，红色就可以完全退掉，恢复丝绸的原本颜色。将所得的色水用绿豆粉吸收之后收藏起来，再用来染红色，半滴也不会损失。用此方式不仅可以实现红花汁液的反复利用，同时也减少了摘取红花原料以及提取染液的时间，可谓一举多得。《杀青》中记载：“近世阔幅者，名大四连，一时书文贵重。其废纸，洗去朱墨污秽，浸烂，入槽再造，全省从前煮浸之力，依然成纸，耗亦不多。南方竹贱之国，不以为然。北方即寸条片角在地，随手拾取再造，名曰还魂纸。”这里记述的是一种环保再生纸，这种纸品质很高，工艺复杂，用过的废纸只要浸泡掉墨汁，成纸浆状，就可以直接再放入纸槽中进行抄纸，实现废弃物再利用，是减少资源流失、能源浪费、环境污染的有效途径。可见，从古至今这种生态循环思想都贯穿于人们的生产生活中。

3. 生态属性——当代中国制造业健康发展的考量指标

《天工开物》中体现出的生态思想是现在我们所倡导的生态文明思想的来源之一，宋应星在 300 多年前就已经向人类阐述并践行尊重自然、尊重天工的生态思想，以及自然力（天工）与人的能动性（开物）之间的辩证关系，还通过一些神话传说蕴含的道理告诫人类要合理、有节制地从大自然中获取资源。《天工开物》所记载的科学技术和科学方法对人类文明健康发展有着重要的指导和借鉴作用。绿色低碳已经成为当代中国制造业健康发展的重要考量指标。

中华人民共和国成立以来，制造业在“一穷二白”的基础上起步，经过 70 多年的持续发展，规模逐渐扩大，我国已经成为世界制造业第一大国。改革开放几十年来，我国的工业文明发展成果显著，也迎来了工业文明向生态文明转变的时代。生态文明作为工业文明新的发展阶段，是在克服传统工业发展弊端的基础上，从生态文明角度探索资源节约型、环境友好型的绿色发展道路。在生态思潮与生态文明成为主流的当代社会，全面推行绿色制造已经成为必由之路，也是我国建设制造强国的内在要求。中国制造业在生态思想和创新驱动的引导下已经开始向着绿色智能化方向发展，绿色化、智能化的关键在于绿色技术的创新发展。纵观工业发展史，其实就是一部科学技术发展史，科技进步使得人们逐渐探索出更先进的绿色生产方式。

人与自然是生命共同体，人类必须尊重自然、顺应自然、保护自然。当我们能够合理地利用、友好地保护自然环境的时候，大自然给予我们的回报常常是慷慨的；但当我们肆无忌惮地开发、粗暴地掠夺自然资源的时候，大自然回应给我们的也必将是无情的惩罚。为全面建设生态文明的现代社会，我们应该践行绿色发展理念，增强环保意识。我国作为制造业大国，只有制造业真正实现了绿色健康发展，才能够既为我们共同生活的社会创造出“金山银山”的物质财富，又能够为我们赖以生存的家园保持住“绿水青山”的锦绣风光。

二、大国工匠精神的延续

1.《天工开物》中的大国工匠

当代中国制造业承载着丰富的文化基因，其中蕴含着大国工匠精神的延续。《天工开物》作为一部记录了中国古代工艺技术的经典著作，展示了中国工匠的智慧和创造力，同时也为当代工匠们提供了宝贵的学习和借鉴资源。

中国拥有悠久的制造业历史，源远流长的文化传统为大国工匠精神的形成奠定了基础。自古以来，中国人民勤劳智慧，善于运用自然资源和技术手段创造出各种精美的工艺品和制造物品。这种精神在中国文化中被称为“工匠精神”，《天工开物》中展现的大国工匠精神，包括对技术的追求、勤奋工作、精益求精、传承和创新等方面。这些精神不仅是中国工匠的宝贵财富，也为当代工匠提供了重要指导和借鉴。

《天工开物》展现了工匠们对技术的追求和对细节的精益求精，书中详细介绍了农业、制造业、建筑业等不同领域的技术，并展示了工匠们通过实践和实验不断改进和完善技术的过程。工匠们追求技术的精湛、创新和突破，为社会发展作出了重要贡献。他们的勤奋工作也在书中有所体现，工匠们忍受着艰苦的工作条件，日夜辛勤劳作，以完成精细的工艺品或建筑物。精益求精也是大国工匠精神的重要特征。古代工匠们对待每一个细节都十分严谨，并追求完美与卓越。他们不满足于现状，始终保持对品质的高标准，不断推陈出新。无论是材料的选择、工艺的设计还是装饰的处理，都经过精心考虑，力求做到尽善尽美。工匠们靠常年熟练的功夫，创造出许多精美的手工艺品和实用工具，这些作品不仅具有极高的使用价值，同时还实现了技术的创新和突破，为社会带来了巨大的变革。

大国工匠精神的核心是对工匠技艺的尊重和传承。《天工开物》这部著作体现了古代工匠们对技艺的追求和创新，以及他们对工匠文化的传承和发扬。古代工匠们通过世代相传的方式，将自己所掌握的技艺传承给后人。这种传承不仅保留了宝贵的文化遗产，还为后人提供了学习与发展的基础。而在传承的过程中，古代工匠们也敢于进行创新与突破。他们尊重传统，同时也敢于开创新路，不断推动工艺技术的进步。例如，书中介绍了制作青铜器的工艺，工匠们在传统技艺的基础上，不断改进和创新，使得青铜器的制作达到了一个新的高度。工匠们的传承和创新，使得中国的工艺技术得到了长足的发展。当代工匠们也应当继承这种传承和创新的精神，秉持对传统的尊重，同时敢于尝试新的技术和方法。

我们应当从《天工开物》中汲取精神力量，继承和发扬大国工匠精神，为中国的工艺技术发展作出更大的贡献。

2. 大国复兴梦的践行

中央民族大学历史文化学院教授蒙曼曾说过：“我们中华民族实际上是最具有创新精神的民族，古人就有‘周虽旧邦，其命维新’和‘苟日新，又日新，日日新’的说法，创新精神正是中华民族最鲜明的特质！”作为中国科学史上最有意义的代表作之一，《天工开物》之所以受到国内外各界的推崇，就因其展现了这种创新精神。

《天工开物》所记录和研究的实用技术和生存技能，体现了作者对人类创造精神的尊重和珍视。从对一根缝衣针的研究到对每一粒粮食的关注，无不体现了宋应星对民间智慧和劳动人民成果的尊敬。我国的知识分子一直以来都具备对人类发展的责任感和奉献精神。无论是袁隆平受到一束野生稻谷的启发培育了杂交水稻，还是屠呦呦和她的同事从老百姓点燃青蒿用以驱蚊的场景中得到启发，开始对青蒿素进行的研发，都展现了人们对科技积累和前人经验的尊重，这也是《天工开物》中所体现的精神。

后之视今，亦犹今之视昔。今天之所以提倡用《天工开物》精神审视正在进行的中华民族伟大复兴，不仅是一种对民族精神的回溯，也是一场满怀自信的告慰。在实现中华民族伟大复兴的关键时期，需要这样的庄严仪式，一面回顾自己的历史文化，从中汲取力量，返本开新；一面以今日之创造致敬先贤的付出，并在心怀敬畏的前提下，避免在实际工作中出现不应有的错误决策。

党的二十大报告提出了“四个面向”的指导思想：坚持面向世界科技前沿、面向经济主战场、面向国家重大需求、面向人民生命健康。

在此指导思想下西安交通大学建设“中国西部科技创新港”，把大学与社会发展融为一体，探索中国高等教育产教融合改革的新路径。提出“跑五”计划：一是面向世界科技前沿，了解本学科世界上做得最好的五个学术机构，看自己是否身在其中。如果不在其中，就要找出和它们的差距，找出追赶超越的办法。二是面向经济主战场，了解本学科所服务行业中最优秀的五个龙头企业，看它们需要什么样的人才与技术，研究怎样培养这些人才，怎样帮助中国企业站在行业的潮头。三是面向国家重大需求，对标国家面临的相关学科“卡脖子”问题，看自己是否承担和参与了这样的任务。如果没有，就主动去承担、去参与。这种倒逼机制，极大地调动了教职员工的内在动力。一大批世界知名的学术机构纷纷落户“中国西部科技创新港”，组建了一批国际联合实验室。面向国家重大需求，一些中央、地方和企业的攻关项目纷纷落户“创新港”，极大地提升了教职员工的责任感和使命感。面向社会经济主战场，一批企业到“创新港”落户，组建“校企联合实验室”。正是这一系列的举措，使得“创新港”充满了活力。

全国人大代表、原西安交通大学校长王树国在回答记者提问时表示，习近平总书记讲，“西迁精神”的核心是爱国主义，精髓是听党指挥跟党走，与党和国家、与民族和人民同呼吸、共命运。“西迁精神”是我们民族精神的一个组成部分。面对当前百年未有之大变局，我们主动出击，主动作为，敢于创新，敢于担当，这种民族精神的价值和意义将会得到更充分的展示。

制造业作为立国之本、强国之基，现在国家越来越重视技能人才。在从制造大国向制造强国迈进的今天，大力弘扬工匠精神，对于全面建设社会主义现代化国家、全面推进中华民族伟大复兴具有重要意义。

在党和国家的关心关怀下，只要坚持梦想，刻苦钻研，有多大担当就会干多大事业，尽多大的责任，就能有多大的成就。

3. 技艺精湛，勇担使命

追求极致、精益求精，是获得各类“工匠”荣誉称号的工人的共同特点。心细如发，探手轻柔，航天科技集团的铣工李峰，在高倍显微镜下手工精磨刀具，5 微米的公差也要“执拗”返工，而减少 1 微米变形，就能缩小火箭几千米的轨道误差；心有精诚，手有精艺，中国船舶重工集团的钳工顾秋亮仅凭一双手捏捻搓摸，便可精准感知细如发丝的钢板厚度；蒙眼插线，穿插自如，中国中铁装备集团的电气高级技师李刚方寸之间也能插接百条线路，成就领跑世界的“中国制造”。

在历史上，科学蕴含在实用技术中；在现代，技术与科学并称。手上有绝活的工匠都是充满科学精神的研究型人才。他们精到无极的手艺不仅仅在灵巧的手上，更在不懈探索的心思里。巅峰匠艺的核心是“精”：心有精诚，手有精艺，必出精品。这些精品也许并不总是能够惊天动地，但它们却总会让那份令世人敬重的工匠精神传递久远，造福人间。

大国工匠的责任和成就来自为国奉献的使命与担当。在第十三届全国人大第三次会议第二场“代表通道”，全国人大代表、中国航发沈阳黎明航空发动机有限责任公司加工中心操作工栗生锐在采访中分享了自己的成长故事：从参加工作的第一天开始，老师傅们就给他们讲述航发人的故事，并告诉他们年轻人什么是责任，什么是担当精神。想要练就高超的技艺，没有任何捷径。栗生锐刚参加工作时因为一次失误，刀具在零件表面划出一道深深的刻痕，这道刻痕仿佛深深刻在他的心里。栗生锐为了不犯错，让最简单、最正确的加工成为一种习惯，便坚持反复训练，直到手能感知误差和变化、耳朵能听出加工的细微异常、眼睛能判断出是对还是错，使人精准得就像一台机器。他从一名学徒成长为加工中心操作工全国冠军，从辽宁工匠成长为中华技能大奖获得者，无数个日夜坚守，千万次技艺打磨，就是为了担负起航发人的责任和传承辽宁老工业基地的使命。

其实，这样的使命感与担当不仅体现在大国工匠身上，还渗透到各行各业，是民族精神的体现。现海军某导弹驱逐舰舰长赵岩泉曾经两次赴亚丁湾执行护航任务。回忆起护航期间的一个感人瞬间，赵岩泉印象最深的是同胞们摆脱危险之后，高呼“祖国万岁”的声音。那一份发自内心深处的激动，让他感觉到作为一名中国军人，背后有强大祖国的那种自豪和幸福，更加清楚了作为中国军人，守护同胞安全的那份责任和重担。

“工匠精神”的核心，就是“爱岗敬业的职业精神”，是兢兢业业，数年如一日地坚守。在这个瞬息万变、科技飞速发展的时代，工匠精神显得尤为重要。工匠精神不仅仅是一种技艺，更是一份耐心和毅力、一种对待工作和生活的态度。它代表着专注、执着、精益求精。在当今社会里，一些人追求速成和捷径，但真正的成功往往需要时间的沉淀和积累。工匠精神倡导专注于一件事情，全身心地投入；鼓励人们保持耐心，一步一个脚印，踏实向前，不被外界的诱惑所干扰。这种专注和执着，能让人不断追求完美和卓越，实现更高的人生价值；这种耐心和毅力，能让人在面对困难和挑战时，始终保持积极向上的心态，不断突破自己，走向成功。

三、从中国制造到中国创造

1. 知者创物

《考工记》中记载：知者创物，巧者述之，守之世，谓之工，百工之事，皆圣人之作也。从古至今，众多“知者”通过他们的智慧和创造力，在不同领域创造了许多重要的物品和概念。这些创造包括古代中国的四大发明（造纸术、印刷术、火药和指南针）、现代中国的高铁技术、互联网技术、太空探索技术等等。这些都是“知者”创造的杰出代表，它们不仅改变了中国，也对全球产生了深远的影响。

“知者创物”可以被视为中国创造力的象征，它强调了知识和创新对于中国社会的重要性。“知者”们不断地挖掘知识的深度，通过独创性的思维和研究，创造出各种物品、技术和文化成就。这反过来又推动了中国在全球舞台上的崛起和竞争力的提升。从孔子、老子等伟大的哲学家，到李时中的火药发明，到郭守敬的天文观测仪器，再到近年来中国的互联网科技和独立研发的航天技术，都是知者创物的生动例证。这些创新不仅推动了中国的经济增长和科技发展，还为全球的进步和合作贡献了巨大力量。“知者创物” 的概念也突显了中国社会高度重视教育和知识传承。中国的教育体系培养了无数具有创新精神的人才，他们在各自领域追求卓越，并不断推动中国走向世界舞台的中心。此外，国家也积极支持科研和创新，为“知者”们提供了更广阔的发展空间。

总之，“知者创物”不仅是中国创造力的代表，也是中国社会不断发展和进步的动力。它鼓励每个人不断追求知识，思考创新，将智慧转化为实际成果，从而不仅造福了中国人民，也为全球社会的进步作出了独特贡献。“知者”们的创造力和智慧将继续引领中国迈向更加辉煌的未来。

2.《天工开物》中先进的中国工艺

《天工开物》系统地总结了当时中国的工艺技术和科技知识，在其中，详细记录了中国在明朝的许多先进工艺和制造技术，包括农业、制造业等各个领域，该书为中国古代工匠提供了宝贵的参考资料，帮助他们传承和改进传统技艺，同时也为新的创新奠定了基础。《天工开物》共十八卷，其中十三卷与造物设计有关或属于造物设计范围，几乎涵盖了除漆器之外造物设计的各个方面，是对中国古代文化和传统技艺的珍贵记录。

《天工开物》中记载的这些精湛的工艺展示了古代中国工匠们的卓越技术和创造力，也让我们见识到他们所取得的非凡成就。这些工艺的独创性和科学性使其至今仍然具有重要的参考价值。宋应星以图文并茂的方式记录下了这些先进工艺，为世界技术的发展树立了典范，他详实地研究和记述了大量的相关技术细节。《天工开物》不仅是一本工艺手册，它传承的丰富的手工艺传统，为后世提供了宝贵的参考，帮助他们继承和发展中国的工艺技术。该书不仅对中国手工艺的历史发展产生了深远的影响，也在今天仍然为手工艺和传统技艺的保护和传承提供了重要的指导。因此，《天工开物》被视为中国工艺传统的瑰宝，继续激励着人们对手工艺的热爱和传承。

3. 中国创造的腾飞

中国拥有悠久的历史和灿烂的文化，近几十年来，中国更是经历了前所未有的改革和发展，同时取得了惊人的成就。取得这一成就的核心便是中国创造的腾飞，中国人民开创了一个源自创新、创意和创业的崭新时代。

中国创造的腾飞始于改革开放政策的实施，改革开放政策始于二十世纪七十年代末，为经济和社会发展创造了条件。改革开放带来的最重要的变革是经济体制改革，它允许市场在更大程度上发挥作用，鼓励创新和创业。这一变革释放了巨大的创造力，推动了中国经济的迅猛增长，使得中国成为仅次于美国的世界第二大经济体。中国经济的崛起是中国创造的显著成果之一。巨大的经济体量使中国在国际事务中发挥了更大的作用。中国的市场规模吸引了全球企业的投资，也为中国企业走出国门提供了巨大机遇。中国的企业，如华为、比亚迪、阳光电源等，已经在国际市场上崭露头角，成为国际竞争的重要参与者。

除了经济的崛起，中国的科技创新也已经取得了显著进展。中国“智造”推动了制造业的升级和转型。中国不再是低成本劳动力的代表。中国的制造业已逐渐从简单的加工制造向高科技、高质量的制造业转变，包括高端机械设备、电子产品、航空航天器材等的制造。这不仅提高了中国制造的国际竞争力，也帮助中国企业实现更好的经营和可持续发展。中国在创新领域已成为世界领先的国家之一，尤其在人工智能、5G 通信、电动汽车等领域处于国际前沿。华为、腾讯、阿里巴巴等公司在技术研发和创新上不断取得突破。中国的探月、探火等航天项目也展示了国家在太空技术领域的实力。中国在高速铁路技术方面取得了巨大的成功。中国的高铁网络是世界上最大且最先进的之一，连接了城市和乡村，提高了交通效率，促进了经济增长。中国在太阳能和其他新能源技术的发展方面取得了显著进展。中国是全球最大的太阳能电池板生产国，在风能和电池技术领域也处于领先地位。

中国创造的腾飞虽然取得了巨大的成功，但也面临着一些挑战。

其中之一是科技创新的可持续性。中国需要继续投资于基础研究、知识产权保护和人才培养,以保持科技领先地位和可持续发展。展望未来,中国创造的腾飞将继续深化。中国将加强国际合作，推动全球创新与发展。中国将继续把改革开放推向前进，鼓励创新创业，为国家的持续繁荣和全球的和平与繁荣作出贡献。在全球化和数字化时代，中国创造的腾飞为世界带来了新的机遇。中国将继续在国际舞台上发挥积极作用，塑造一个更加繁荣、和平和可持续的未来。

宋应星
与
《天工开物》

第七章 开物东方，格致万年

提起“制造”二字，很多人脑海里闪现的是德国、日本这些发达国家的制造业。当然，这不仅是因为二国长期在国际制造业高端市场占据着重要地位，也因为两国成功将其传统文化内化到制造业体系的结果。

回到“中国制造”，进入二十一世纪，“Made in China”已经成为时代的象征和国人的骄傲，但在市场转型的阵痛之下，“Made in China”曾一度被国际社会看成是“低劣”“假冒”的代名词。实际上，我们国家在2015年就开始部署实施制造强国战略，国内很多制造企业已经纷纷加大技术投入，搞自主研发了。现如今，这些都已经初见成效，从扫地机器人、智能音箱、无人机这些家庭高科技产品，到高铁、国产大飞机、载人飞船这些国之重器，无不显露出中国制造的巨大成就。

“中国制造”不仅是个技术问题，深层意义上，它还应该是个文化问题。我们要通过我们的工业产品来传递我们的制造文化，同时也要以文化内涵来提振工业产品的品质内涵，这样制造业的发展才能有后劲儿，我们才能参与国际市场竞争。

虽说我们古代以农业立国，但从先秦时期开始，我们的传统手工制造业就开始领先世界了，到明朝晚期，我们已经能进行规模化生产了，丝绸、瓷器、漆器等大量远销至周边国家，甚至欧洲。五千多年的悠久历史，孕育出了中国制造业深厚的文化内涵，古代劳动人民的勤劳、专注、务实和智慧，以及制造业折射出的民本、爱国等特点，共同构成了中国制造的精神底色。吾道一以贯之，天下莫能与之争。我们以宋应星和他的《天工开物》为牵引，去探寻中国制造背后的文化基因。

一、开物者，为民而生

我们生活的世界到底是怎么来的？如果你读过一点儿哲学，你会发现，曾处于同一时期的世界两大文明古国——中国和希腊，虽相隔万里，却又如此心有灵犀。希腊哲学家泰勒斯说，“万物皆由水而生成，又复归于水”。老子说，“上善若水”。当然，水、火、土、气的起源论调在古希腊、中国都能找到类似的表述。

这说明什么？中国和西方的科技最开始在认识世界、理解世界方面，具有相似性——向真理无限趋近。但是，中国和西方的科技发展，包括制造业在内，却在此后呈现出完全不同的形态。

中国古代科技创新始终离不开老百姓的世俗生活，“民本”思想引导科技的价值选择。也就是说，科技创新产生于老百姓的日常生活需求，以满足百姓的吃穿用度为主，以实现人民幸福和社会和谐稳定为目的。“日用即道”“重视实用”是中国古代科技文化的鲜明特点。这与开启西方科学文化源头的希腊——超脱于世俗生活，走上探求纯粹的真理之路，是截然不同的。

十七世纪以前，直到宋应星生活的晚明时期，在没有现代科学指引的情况下，中国的农业和手工制造业发展一直处于世界的巅峰。这与古代劳动人民的勤劳智慧，以及农耕经济的高度繁荣是密切相关的，而我们的科技又与生产、生活密切相关，自然也就发展得比较快了。

宋应星是幸运的，他所生活的那个时代，中国是当时世界上农业、手工业最先进的国家，商品经济也非常发达。漫步在乡野田间，抑或是行走在繁华的城市街巷，他见过家家户户昼出耘田夜绩麻的繁忙身影，也去过炉火照天地、红星乱紫烟的冶炼场，感受过水酿琥珀香、酵母醉人醇的酿酒工艺，甚至还见识过景德镇窑火熊熊、日夜不息的繁忙景象。

从读书入仕转身成为科学家，宋应星未变的初心是他的为民情怀。所以，他在记录这些见闻之时，关切的始终是与百姓生活密切相关的制造工艺。也正是如此，今天我们才得以窥见古代农耕劳作者的艰辛、许许多多工匠们的绝活，更重要的是，能切身体会祖先们以勤治事的行为方式和参天地之化育的民间智慧。

泱泱华夏，千载春秋，百年光阴匆匆流过。宋应星曾经踏过的土地，如今早已换了人间。此刻如果他能穿越时空看一眼如今这盛世，他最关切的会是什么？这里又发生了哪些变化？

百年仓廪的巨变

农，天下之大本也，民所恃以生也。重农固本，是安民之基、治国之要。宋应星将《乃粒》置于《天工开物》的首篇，足见他对百姓生计之根本——农业的关注之深。如果来到现代，宋应星肯定会关心“田里的庄稼长得怎么样了”“老百姓的肚子还饿不饿”。虽说明朝农耕文明比较发达了，但在明朝晚期，百姓赋税加重，自然灾害频发，米价上涨，百姓买不起米，吃不上饱饭，各地动乱不断，饿殍随处可见，流民四处乞讨。目睹这样的场景，当时的他一定非常揪心。

历史的脚步并未停歇，300 多年后的今天，中国老百姓吃不饱饭的日子已经过去了。三亚南繁，四季如春，这里片片黄澄澄的稻田随风翻起波浪，株株饱满的稻穗笑弯了腰。远处，几台大型收割机正向稻田开来，马达轰鸣，显然已经为收割做好了准备。一望无际的稻田里，我们总是能很快就找到那个俯身观察稻穗的老人。他就是中国杂交水稻之父——袁隆平。袁老先生生前研究的第三代杂交水稻，已经能实现双季亩产 3000 斤的产量了。

虽身处不同的时代，但宋应星和袁隆平投入科技领域的初心却惊人地相似。袁老先生曾多次讲过他投身农业的原因：中华人民共和国成立初期，我们的农业生产力水平还不高，尤其是遇到严重自然灾害，百姓饥饿难耐，这样的惨痛景象深深刺痛了他。从那时起他便立志，要用毕生所学为农民增产粮食，让中国人彻底摆脱饥饿。有一次，在试验田选种的时候，袁老先生意外发现一株特殊的稻株，稻穗又大又饱满，而且有 230 多颗稻粒。当时他就突发奇想，如果能产出这样的稻子，那亩产能达上千斤，这得多养活多少人！那时候的水稻亩产才五六百斤，宋应星生活的时代水稻的亩产大概三四百斤，相比于快速增长的人口数量，中华人民共和国成立初期的粮食产量，其实没有比宋应星生活的时代高到哪儿去。

袁隆平先生的“禾下乘凉梦”

袁老先生最后成功了，他不仅实现了粮食的高产，还将杂交水稻的种植普及到祖国的大江南北。1000 多年前的宋代，农作物生产最开始主要是在江南一带，即所谓的“苏杭熟，天下足”。400 多年前的明朝晚期,粮食的高产地区又从江南一带扩大到两湖地区,即所谓的“湖广（湖南、湖北）熟，天下足”。现如今，在古代称之为荒远之地的琼州（今海南省海口市）都变了样。

袁隆平先生的“禾下乘凉梦”

明朝湖广地区

与粮食高产并行的是，我们现在种田的技术更往前迈进了。在宋应星生活的时代，先辈们利用自己的智慧，研制出铁制的锄头、耙子，代替了木质的农具，学会使用水车、牛车这些外力助耕，还知道用土地轮作、间作、使用肥料等方法来保护土地养分。今天，我们传承了这样的智慧，把更多的秘密武器都用到田间：用传感器丈量土地大小，测量土壤湿度、温度和营养；用无人机代替人力均匀播撒种子；用遥感飞机给稻田做“全身 CT”，打造施肥处方；为了减少化肥农药对庄稼的伤害，还将粉碎的秸秆，跟有机肥混在一起养地……

智慧农业示范图

遥想 20 多年前的生活场景，那时候的村庄生活跟宋应星生活的时代相比，似乎也没多大变化，还没有这些现代化的机械设备。2000 年初，谁家有一台拖拉机，那都是大户人家，是件非常体面的事情。收稻子也还是人工完成，那是段很辛苦的日子。秋收时节，家家户户忙不过来，七大姑、八大姨的亲戚都要来帮忙。如今 20 多年过去，很多地方的稻田已经实现规模化生产、机械化运作了，农民还增收了，国家的变化真是太大了！

二十世纪九十年代农村晒稻谷情景

“赤日炎炎似火烧，野田禾稻半枯焦。农夫心内如汤煮，公子王孙把扇摇”，这首古诗很生动地表达了酷热天气里，农民颗粒无收，还要操心交税的焦灼心理。想必在宋应星生活的时代，他也会担心农民吃不饱饭，还会担心农民种田得不到庇护，还面临着苛捐杂税的困扰。

现如今，我们的科技进步了，可以抵御更多的自然灾害了。我们

二十世纪九十年代农村晒稻谷情景

有了无数像袁隆平这样关注民生、扎根泥土的赓续者。中华人民共和国成立之后，从始至终都在坚持“农为邦本，本固邦宁”的准则。十几年前，我们的农业税就取消了。现在农民种田，政府还给各种补贴，买种子有补贴，购农具有补贴，没有钱投资还可以免息或低息贷款。

山河犹有待，稻香处处浓。子孙后辈必将传承先辈们朴素、勤劳的精神，让禾下乘凉不再是梦，让稻香四海惠及苍生。

又见人间烟火气

对普通百姓而言，衣、食是维持生活的基本保证。所谓食，可谓柴米油盐酱醋茶。所谓衣，可谓棉花、蚕丝或以其他原料做成的纺织品，衣帽鞋袜、床褥被垫，皆由此而来。我国古代科技发展向来以重民生、重实用为特点，工艺的发明来源于百姓生活的实际需求，然后去探寻自然界可以利用的原料加以加工，最后成品于人的慧心巧手。

宋应星必然是这样一位时时为民操心、重视实用的科学家，所以在《天工开物》的《乃粒》之后，他继而又论述了衣服、米面、食盐、制糖的生产过程。在那个时候，这些显然是平常百姓生活的必需品。

衣服嘛，富人有富人的穿法，穷人有穷人的穿法，大体上也过得去。社会稳定的时候，米面的价格也能接受，普通人家也能有个温饱，尤其是江南地区经济发展得好，社会稳定，米价相对低廉，老百姓能过上安稳日子。

明朝中期，社会还算稳定，但是到了明朝晚期我们知道，战乱跟饥荒时有发生，在北方地区尤甚，米面价格很容易就涨起来了，至于盐、糖，包括《天工开物》中最后提到的油、酒，这些在今天看来可能是廉价的基本生活品，但在那个时候，还是很贵的，普通老百姓并不是顿顿都能吃上这些。

明晚期北方地区和江南地区的社会稳定状况

宋应星是如此在乎百姓的吃穿，在成书记录衣食必需品生产时，他是多希望这些制作工艺能够推广至全国，让各地的老百姓可以不必为生计而烦恼啊！

那个时候，在中国的江浙、福建等地已经种上了从海外引进的番薯，玉米、土豆也已经被种植，但尚未推广，要是早几十年在全国推广，说不定百姓还能熬过饥荒。甘蔗在汉代经由丝绸之路传入中国，到明中后期，在长江以南地区大面积种植，各地兴起了制糖业，这些种蔗制糖的方法都被宋应星记录到《天工开物》中。

棉的传播史

也许最能令宋应星高兴的是江南地区的纺织业。做衣服需要原料，这些原料就包括棉花、麻、蚕丝等。

当时，棉花的种植从南方推广到了北方，河北、河南、山东、山西、陕西都成为重要的棉花种植地区。北方的棉花被运到江南的松江（今上海）纺布成衣，松江成为棉布之乡，造就了当地百姓的富裕生活。棉衣也得以成为全国老百姓的主流穿搭，所以宋应星在《天工开物》里面说“棉布，寸土皆有”。

太湖地区则是有名的桑蚕基地，湖州农民种桑树养蚕，把蚕丝运到安徽的芜湖等地去染色，然后再送去湖州本地或附近的苏州、嘉兴、杭州，甚至是福建的福州来纺织绫罗绸缎。

明朝中晚期的纺织业发展

《明实录》记载，明朝中晚期全国人口约有 5000 万 ~6000 万，但推测实际人口达 1 亿多，江南地区 2000 万人左右，有约 340 万江南妇女从事纺织业。织户人家的女儿，七八岁就能纺棉絮，十二三岁就学会织布了。

江南地区丝织作坊

在核心城市，出现了拥有几十张织布机的家庭作坊，雇佣十几个到几十个工人来生产。那时候在江南地区，官营织机大约有3500台，民营织机有1万～1.5万台。《醒世恒言》中《施润泽滩阙遇友》卷写的施复夫妇，家里就有三四十张织机，可见民间经济之发达。

得益于江南发达的织造业，这里的老百姓也开启了“买买买”的时尚追风热潮。在温饱之余，他们不想再穿着简朴的服饰了，先是衣服的颜色变多了，再是各种日月、龙凤等皇家御用形象的图案被绣到衣服上，再然后，有钱的人家还穿起了以前皇家才能使用的绫罗绸缎。

女性的裙子各式各样，衣服款式以前十年一更新，现在在南京、杭州这样的中心城市，今年买的衣服款式到明年可能就过时了，这时尚的热风吹得太快了。为了搭配衣服，他们还独创了各种发型。如果你发量少、额头高，梳不出来好看的发型，那也不必忧愁，假发在这时已经很流行了，去大街上瞅瞅看看必然能满意而归。你若穿越回明中晚期的江南大街，不拾掇自己，穿件好看的衣服，盘个好看的发型，世人恐怕都要嘲笑你懒惰、落伍啦。

我们的祖辈们用勤劳和智慧创造了财富，更创造了这样开放、包容、创新、多彩的江南文化。虽然在宋应星生活的时代，如此空前绝后的繁荣没能持续多久，北方动乱频发，很多地方并没有变得像江南这么富庶，但农耕文明孕育而生的勤劳质朴、包容创新、以民为本的精神特质却被融入民族制造的精神血脉，创造了今天富足的生活。

如今我们已经吃穿不愁了，米面粮油酱醋茶，样样均在寻常家。中国蔬菜之乡——山东寿光，开启影响亿万中国人生活的绿色科技革命，如今我们不像先辈，凛冽寒冬仅靠萝卜、白菜果腹，应时、反季蔬菜应有尽有。300多年前，牛奶还是皇家特供品，如今已经成为百姓餐桌上的常客，这离不开规模化的奶牛养殖和高效的生产线。我们传承了先辈古老的酿酒工艺，无需再像酿酒匠人那样，在潮湿闷热的环境里挥汗如雨地制曲、拌糟了，机器解放了双手，传感器的应用让酒香更醇。

服装制造业更是见证了国民经济的崛起。中华人民共和国刚成立时，物资异常短缺，为了保障国人粮食安全，“棉不与粮争地”成为当时社会的口号。二十世纪七十年代，国家开始实行改革开放政策，当时经济发展的一大支柱就是外贸，即通过承接发达国家的劳动密集型产业转移，利用我们的劳动力优势来发展经济。那时候的服装业、制鞋业、玩具业外贸订单特别多，外商在跟我们工厂洽谈时就怕量太大我们不能及时交单。

我们中国人有一种化腐朽为神奇的力量——这就是外人学不来的组织力和凝聚力。工厂拿下订单后，把生产工序分解，谁是裁剪的，谁是印花的，谁是包扣子的，都一一明确，然后把每道工序交给整个村，甚至整个镇上的家庭作坊一起来做，按件计费。那时候，几十平方米的家庭作坊里，往往都是自家的亲戚、邻居一起干活儿，虽说辛苦，但其乐融融，日子有奔头。很多的作坊半夜都是灯火通明，工人们在简陋的机器面前埋头苦干，这不禁让人想起明朝景德镇日夜不息烧窑的场景。东南沿海地区，不少当年的家庭作坊如今已经成长为中小企业，造就了如今发达的民间经济。

从最初的代加工，到制作工艺成熟，大批本土品牌应运而生，创造了今天吃穿用度的国潮风、中国风，我们靠着勤劳和坚持创造了今天制造大国的局面，为经济腾飞打下了基础。如今，全球 50% 以上的空调、洗衣机等产品基本上都是中国人制造的。

从明晚期江南地区成为世界丝织业中心，到如今，整个中国再次成为世界制造业的中心，这历史果真是个轮回。

宋应星生活的时代，江南的丝织品、大米等只能通过京杭大运河走水运。水运不通的西北、西南地区，如遇缺粮缺布，恐怕很难得到纾解。现在，得益于电商平台，贫困山区的山货能批量走出大山，东南沿海的衣服鞋包可以畅销全国，小本经营业主注册个网店就能节省几十万的门面成本。随着路网设施的完善，只花十几块钱的快递费就能将一个物品送到国内的任何地方。如今出门，一部手机就能搞定各种事情，老百姓去餐馆吃饭、看电影买票、节日发红包、超市购物，可以使用移动支付；不想走路，路边扫个共享单车都就能随走随停；年轻人周末在家睡懒觉，不用像父母一样起早去菜市场，也能下单买到新鲜菜，实在不想做还能随时下单点个外卖。

不难看到，即便是互联网这样的新兴科技，它的发展轨迹依然以紧密贴近国民生活、提升百姓生活质量为主。国人现在享受的便利，放在任何一个国家都是不容易实现的。虽说一开始我们有些互联网产品是从国外引进的，但现在已经越来越本土化，甚至创造出了完全不同于国外的互联网生态，这里面最大的差异就是科技的“民本”理念。

厚德实干，兼济天下

今天，我们的制造并未止步于仅仅满足百姓的吃穿用度，因为这些在机器大生产的时代，已经完全不是问题了。温饱之外，百姓追求安稳幸福的生活，这些幸福感来自生活的细节——我的生活是不是方便？我居住的环境是否让我舒心？我去哪里可以散步游玩？我所在的城市服务怎么样？这些小目标的实现离不开社会公共服务设施的建设，少不了制造业的托举。

在《天工开物》里，宋应星论述了冶铸、制瓷、造船、造车等工业发展技艺，通过这些技艺生产出的产品，有些可供百姓日用，如铁锅、铁制农具、绣花针、铜镜等；有些是供建筑之用，如砖、瓦烧制。但更多内容是围绕社会公共设施建设的，如制钱、造船、造铁锚、铸钟、造佛像等。古代社会的大钟遍布宫殿、寺庙和城市，用于报时、祈福等。

即便如此，明朝手工业、工商业在整体经济结构中所占的比例也没有超过 20%，政府的主要收入来自农业，而这些钱主要用在了宫廷的奢侈性消费、宫殿和陵寝修建，以及晚期的军费开支上（明中晚期军费开支占了中央财政支出的 60%~90%），政府在社会公共基础设施建设上的投入非常有限。

由于没有什么钱投资在农田水利、工业制造、道路修建或者是舟车制造上，老百姓粮食生产的效率得不到有效提升，出行也没有那么方便快捷，物资的运输不通畅，社会的发展自然也就不能向前推进。

晚明当局者未曾重视的工业制造业，未曾实现的百姓“俱欢颜”，在当今之中国，已经彻底改变。中国现在是世界上的制造大国，在修路、造船、造车、造高铁、造机场、造港口等领域占据领先优势。世界称我们为“基建狂魔”，殊不知这些制造，目的是让每个人的生活都能得到便利。

君不见，雪域高原美如画，冈仁波齐朝圣来，雅江江畔放马歌。川藏铁路腾跃起，怒劈横断山脉，打破峭壁悬崖，从此铁轨穿山过，疾驰万里心情畅。美国旅行家保罗·泰鲁曾在《游历中国》里写道，“有昆仑山脉在，铁路就永远到不了拉萨”。可是，我们逆天改命，攻坚克难，使天堑变通途。昔有文成公主行三年入藏，为雪域高原送去中原文化，沿途山川曾流淌过公主的思乡泪。现如今，往来青藏，车辆川流不息，游客络绎不绝，物资源源不断地运往各地。

大西北干旱缺水，人们没水吃，每天要走很远的山路用骡子驮水回去，洗菜水留着洗脸，洗脸水留着洗衣服。因为南水北调，家家户户再也不用为缺水发愁。这些了不起的工程，需举国上下，辄尽其功。幸哉，国人以基建之秀，雄于业。

今时今日，若宋应星重走一次入京赶考路，可见证神州大地骋银龙，国产飞机上苍穹。当时的赶考路线是自江西沿长江顺流而下入杭，转京杭大运河入京，遇河道不通则转陆路，如此周折，耗费半年之久方入京。如今之中国，高铁纵横四海连，出行千里无需愁，朝辞亲友赶考去，暮可返乡报平安。今有国产大飞机，扶摇而上九万里，进京赶考路，一个时辰足矣。这一次，我们跑出了中国速度。

中国制造托举的民生工程不仅在造福中国人，其实对世界也有贡献。袁隆平先生研究杂交水稻，他的一个初心是让中国人吃饱饭，另一个初心是坚信一颗种子能改变世界，让世界人民都有饱饭吃。所以说，我们制造文化里“以人为本”的理念是一种大格局，那就是科技发展要造福人类，让全世界共享中国的发展成果。我们是这样说，也是这样做的。

从小的方面说，中国强大的民间智慧，以及骨子里孕育的“日用”“实用”精神，让我们总是能够搞出很多精细好用的东西。现在被频频“种草”的中国神器，如电热毯、热水袋、马桶垫、伸缩挂衣绳、剥虾器、剥玉米器、切西瓜器、带轮的购物袋，时常出现在国外网红博主视频里，给全世界家庭的生活都带来了很多便利。

2008 年，一位美国记者出版了《离开中国制造的一年：一个美国家庭的生活历险》一书。她用一年的时间来实验不购买“中国制造”，生活会变得怎么样？结论就是，你可以照样活下去，但你的生活会越来越麻烦，家庭开支成本也会大大增加。

她写道，她给儿子买鞋，以前买中国制造的鞋子只要10美元，现在去买意大利制造的需要69美元，她已经迫不及待要与中国制造重修旧好。可见，中国人用自己的双手去创造财富的同时，也在惠及世界民众，让世界都能享受到物美价廉的生活用品。

从大的方面看，现如今，我们的制造强大了，很多基建工程都开始走出国门。以印度尼西亚来说，它并不是一个工业、经济很发达的国家。建高铁是缓解印尼当地落后的道路交通带来的人口集中出行难的重大民生工程。但是，要在多地震、多火山的热带雨林地区，建成东南亚第一条高铁，是一件非常难的事情。中国在2018年靠着自立自强、刻苦钻研的精神，上线了完全自主研发的“复兴号”动车。因为中国在沙漠、在戈壁、在丛林等国内各种复杂地形上建过铁路，积累了丰富的高铁修建经验，这项任务最终交给了中国。

我们承接雅万高铁的工程后，几千名中国的工程师、设计师、工人奔赴这个千岛之国，一干就是8年。他们穿越人迹罕至的热带雨林、危险的沼泽，还要提防雨林深处的蚊虫毒蛇，甚至还要像“拆盲盒”一样，在火山灰堆积的地质层打孔。“艰难困苦，玉汝于成”，中国的工程师破解了这一工程奇迹中的每一个难题，还附带培训了1.2万余名印尼工人，培养了1500多名本土的高级技工。

夕阳西下，如今印尼的人民，前半段旅程，欣赏着远处错落有致的村庄和雅加达高耸的摩天大楼；后半段旅程，穿越丛林，邂逅绿野仙踪。这趟旅程，只需要40分钟。

中国高铁的故事仍在沙特阿拉伯广袤的沙漠等地上演。很多时候，我们承接的这些民生工程是赚不到钱的，要回本起码得 50 年以上的时间。有些工程我们不仅赚不到钱，还要搭进去不少资金，同时还要向当地输出技术和人才。之所以还要坚持，除了友好建交、互惠互利的长远考虑，这里面还反映出中国制造“以人为本”的理念。我们通过高铁让世界知道中国制造的安全可靠，也能够帮助到对中国友好的国家，让这些国家的人民享受中国技术带来的便利。

印尼人民乘坐雅万高铁场景

二、成务者，临危不忘国

前面我们说到了中国制造文化的民本基因，民本就是技术发展以满足百姓的日常需要为主，科技发展是为了人的幸福。有人会问，西方的科技发展也有以人为本的理念，那我们跟他们有什么区别呢?

我们这里的“人”，更偏重的是整体意义上的民，它不是某个单独的人，孟子的“民贵君轻”，《尚书》里面说的“民为邦本”……都是指向民众这个整体的，这就是我们传统文化的特质所在。我们今天大型的民生工程，像南水北调、三峡工程，也是如此。三峡大坝修建是要彻底根治历史上长江流域水害频发的问题，可最难处理的是百万移民的安置。“舍小家为大家”，无数山民舍弃祖祖辈辈生活的地方，远离故乡的疼痛让人感同身受，但这样的牺牲换来了长久的风平浪静。

所以中国文化里的民本是在集体观、大局观下的民本，这也使我们国家的整体组织能力很强，能集中力量办大事。而西方文化里面的以人为本，更看重的是个体的人，它讲究个人的独立和自由，一个民生工程，哪怕触及的只是一小部分人的利益，那也是断然实行不下去的。这是两种不同的文化传统，没有谁好谁坏，在这里讨论只是帮助我们能更好地理解中国制造的民本理念。

接下来要延伸的另一个差异就是中国传统文化注重人的道德性，我们处在这样那样的社会关系中，总是要更多强调人的社会责任，包括我们对家人、对集体、对国家的责任。儒家文化的道德性在北宋张载“为天地立心，为生民立命，为往圣继绝学，为万世开太平”这句话里得到更充分的阐释。西方文化更强调人的理性，所以，人与社会、与国家的关系是通过法律来规定的，是用权利和义务来加以规范的。

这就使中国制造的文化区别于西方制造文化，那就是强调制造科技所蕴含的家国情怀，因此，我们的科学探索始终是与人文情感融合在一起的，西方则是让科学的归科学，让情感的归情感，让上帝的归上帝。

虽说在宋应星生活的时代，还没有国家这个说法，但是在面临明末清军入关的存亡时刻，他仍然表现出强烈的民族气节，宁死不屈。他的民族危机意识也深刻反映在《天工开物》中，再到后来，中国制造历经沉浮，取得今天的系列成就，家国情怀深深印刻在代代中国人的骨子里。

古代科学家的忧国忧民之思

宋应星生活的时代，中国的农业、手工业发展达到巅峰，但在政治上却尽显颓势，大明政权摇摇欲坠。宋应星目睹官场弊端丛生的黑暗，仕途受阻，报国无门。

崇祯十一年（1638），距离明朝走向灭亡只有6年。这一年，关内的农民起义不断，关外努尔哈赤建立的后金政权，南下跟明朝对抗已经超过20年。这一年，52岁的宋应星被提拔做了一个正八品的刑狱官，去往福建汀州（今福建省长汀县）任职。他到任后发现，监狱里关着的海盗，其实都是附近生计无门被迫做海盗的农民。因为心疼他们，宋应星把他们教育了一顿就释放了。可是这被宋应星的上司知道了，把他痛骂一顿，说他姑息养奸，无奈宋应星只好辞官回乡。

宋应星在为明末官场心寒的时候，可能没想到，在北方边境，他的《天工开物》帮助大明成功抵御了一次清军的攻击。

一开始，河北晋州的守将陈鸿绪被清军打得实在是没辙了，危急之下他翻阅宋应星写的《天工开物》，里面有提到火器铸造的方法。他就地取材，用泥巴做成四周留有小孔的空心圆球，晒干后里面填充进火药，渗入毒物，外面套个木筐，点燃引信抛至城下，这对清军造成威慑，也让京师的防务转危为安。

这件事在历史上是否真实发生，已无法考证。不过，可以肯定的是，看到内忧外患、国防虚弱的大明王朝，宋应星虽退居乡野，但他仍在关心着国家的前途和民族的命运。他曾在一夜之间写成《野议》，向明朝最后一任皇帝——崇祯进献改革变法良策，以拯救濒临灭亡、岌岌可危的王朝。在"练兵议"部分，他指责了当时的军营腐朽之况，"偷息闲功，则歌童舞女，海错山珍，以自娱乐。此等人岂能见敌捐躯，舍死而成功业者？"字里行间透着愤懑不平，忧国意识溢于言表。

只可惜，他的万言奏议既未被当局者看到，更无法拯救病入膏肓的大明吏治。他转而写作的《天工开物》在关注与民生息息相关的农业时，也看到了化石工业、兵器铸造等对于国防安全的重要价值。这本书本应成为当时发展农业、手工业、富国强兵的指南，却在既没有钱做印刷推广，又在混乱的王朝更替之时辗转散佚。

《天工开物》饱含了一个科学家对国家命运的关切。在《佳兵》中，他提到："明王圣帝，谁能去兵哉？'弧矢之利，以威天下'，其来尚矣。为老氏者，有葛天之思焉。其词有曰：佳兵者，不祥之器。盖言慎也。"意思是，即便是贤明的帝王也无法放弃战争和取消兵器。武器是用来威慑天下的，这句话由来已久。写《老子》一书的人，讲究无为而治，说兵器是不吉祥的东西，但那只是警诫人们要慎重使用罢了。在书中，他罗列了弓箭、弩、火药、火器等的制造方法。明末朝廷财政开支虽有相当一部分用在军费上，但因国库空虚，士兵无法领取俸禄，加上当时对火枪、火炮技术的开发都不够成熟，火炮的射程短、精度低，难以与南下的满洲铁骑成熟的冷兵器抗衡，最终明王朝走向灭亡。

明灭亡后，宋应星的哥哥不愿做亡国之人，服毒殉国，而宋应星则一直住在山里，虽贫困交加，但坚持做一个明朝遗臣，坚守自己的气节。

烽火中的工业救国梦

宋应星参加科考的那些年，正逢中国商品经济高度发达，民间制造的丝绸、棉布、瓷器、茶叶等源源不断外输，英国、葡萄牙、西班牙、日本等国输入中国的白银，达到1亿两以上，那时候明朝被世界称为“白银帝国”。既然这么有钱，有人就好奇了，为啥明朝还灭亡了？明朝最后一代皇帝崇祯，其实是很勤政、很努力的，虽说这些白花花的银子流入中国，但并没有多少进入国库。明中晚期很重视商品经济的发展，不少官僚出身于商人之家，或许是出于对自己利益的保护，农业税税率高，商业税税率却很低。因为官僚体制腐朽到骨子里了，多数白银都流向了商人和部分官僚手里。朝廷没钱就没法赈灾、没法搞好军事补给，所以最后遭殃的还是农民和国家。

朝代的更替不是我们在此讨论的重点，重点是古代发达制造业带来的繁华景象也随着明朝的灭亡开始走向衰落。清康熙五年（1666），宋应星——这位忧国忧民的科学家逝世了。令他想不到的是，之后不到百年的时间里，中国科技的领先地位逐渐被英国工业革命的火车头碾碎，中国的科技开始落后于世界。

学过历史的人都知道，由大航海开启的殖民主义时代，中国的手工业制造被西方列强以机器为代表的工业文明碾压，民族制造业几乎覆灭。

那时的我们该何去何从？我们知道，古代社会常常会遭遇不可预见的冲突、战乱和自然灾害，“皮之不存毛将焉附”，个人与国家、民族的命运是紧密联系在一起的，所以中国传统文化里面一直都有很强烈的忧患意识。古代士大夫、科学家、农学家……他们的家国情怀都是孕育在这样的土壤之上，宋应星如此，在他之后的有识之士，亦是如此。

中国制造与生俱来带着这样沉重的家国责任，所以无论这个国家、这个民族出现怎样的危机，总是有越来越多像宋应星这样的科学家，即使身处困境，仍然不屈不挠，以家国情怀和勤劳隐忍，不断学习新科技，探索新技术，最后实现“逆风翻盘”。

让我们再次回到历史深处。1733 年，英国人凯伊发明了飞梭，这大大提高了织布效率。32 年后，珍妮纺纱机在英国出现了，传统手工纺纱的效率被提高了 8 倍。也是这一年，英国人瓦特发明了蒸汽机。1782 年，蒸汽机被应用到英国的机械纺织厂，棉布的生产成本大大降低。价格低廉的洋布很快在大航海和殖民贸易的潮流下被反向输出至印度、中国这些产棉大户，世界顶级手工棉布生产中心——松江，败给了英国的第一次工业革命。再之后，是中国茶叶在印度、北美等殖民地成功被种植，法国、日本本地瓷器制造兴起，欧洲对中国制造的兴趣降低了。

我们知道，欧洲、北美这些地方，人口规模较小，国内市场容量有限，各种量产的洋货，要想卖出去赚更多的钱就必须打开国外市场，而人口规模巨大的中国就是他们的目标。1840 年始，在西方洋枪、洋炮的袭击之下，中国被迫打开市场，洋货如潮水般倾销至中国。小到日用的洋布、洋火、洋油，大到机器、铁路、汽车，等等，中国原有的民间手工业作坊几乎破产，民族企业因缺乏与之抗衡的资本、技术、机器，根本竞争不过洋公司。

“造不如买”，中国制造的关键行业落入外国人之手，经济命脉根本无法自己掌控。到战争时期，一旦沿海被外国封锁，洋货就进不来，物价就飞涨，百姓买不到东西了，社会就全乱套了。这时我们才真正深刻地认识到自力更生、建立自己的制造体系、建立自己的国防体系的重要性。

1914年，一个寒冷的冬日，一名从日本学成归来的青年精英，放弃东京帝国大学任教的机会，满怀壮志，来到天津塘沽的一片盐滩荒地，立志要将这些粗黑的海盐变成洁白的细盐，让中国人吃上健康的盐。当时，按照国际规定，盐中氯化钠含量高于85%可供牲畜用，高于95%方可供人食用。可是中国传统土法制出的盐的这一比例不足50%，中国人被嘲为“食土民族”。这位青年凭自身所学和不断摸索，1年后，生产出国产精盐，5年后，年产量达3万吨，从此中国人实现吃盐自由。这位年轻人，叫范旭东。

在那个风雨飘摇、动荡不安的年代，范旭东不曾停止“实业救国”的探索。那时，第一次世界大战爆发，洋碱无法运至中国，国内的洋碱商就趁机哄抬物价，导致洋碱价格飙升，以洋碱为原料的中国印染、纺织工厂纷纷倒闭。范旭东在欧洲考察的时候，得知精盐可制碱，他又再次看到了希望。

他写信邀请刚从美国哥伦比亚大学博士毕业的侯德榜担任制碱工程师，两位青年人抱着一腔爱国、救国之热情，一拍即合。要知道当时世界上最先进的制碱方法被西方少数几个国家所垄断，创业之初，没有技术可以借鉴，他们就在自家院子里搞了一套制碱设备，花了近5年时间，仍未成功。

但是，他们没有轻言放弃，通过不断更新设备和技术，又过了3年，他们制造出了纯净合格的中国碱，并在当年（1926年）的世界万国博览会上，拿到了金奖。从此，中国打破国内制碱市场被英国公司垄断的局面，并将碱远销至日本、印度、东南亚一带。

制碱成功后，范旭东并未就此停止。纯碱可以做成硫酸，硫酸可以做成化肥、炸药、农药、染料等。中国是农业大国，对化肥的需求量很大。1929年，范旭东开始钻研硫酸的生产。有志者，事竟成。历经万难，终于在1937年卢沟桥事变爆发前夕，中国第一批硫酸铔化肥生产出来了。但不久，抗战全面爆发，范旭东的工厂接受军需任务，转而生产硫酸铵，日夜赶制炸药，送往南京的金陵兵工厂。

范旭东的工厂，无论是民用还是军需，都价值重大，这块“肥肉”很快就被日本人盯上了。他们想尽了各种方法威逼利诱，但范旭东不为所动。为了保存民族制造业的技术和团队，范旭东带领1000多人的团队和生产所需的机器、零件、图纸、模型开始西迁。1938年，在四川乐山，范旭东与同仁们在这里凿石挖土，计划重建中国化工基地，挽救民族化工制造工业。

范旭东的故事是当时民族工业的一个缩影。他们艰难起步，燃起科学的火种，以实业救国，坚决抵抗外商，以一腔热血，夜以继日地不断研究，死磕到底。这样的科学家、企业家还有很多很多。

范旭东出生于书香之家，从小就聪颖好学。六岁时，祖父和父亲相继病逝，全家靠着母亲做针线活维持生计，他和哥哥范濂勤工苦读。少年时期的范旭东经历了清末民初的至暗时刻，意识到国富才能民强。

他立志要学习经世致用的本领，以发展实业、振兴民族工业为己任，救国救民。

这样的人生境遇和选择，与宋应星如出一辙。二人都很务实，又很爱国，他们应时局而变，看到科学对生活生产的重要作用，更主张以科学促生产，促民生，促国家富强。无论时代如何变化，在科学救国的紧要关头，总是有这样的仁人志士挺身而出，在国家和民族大义面前，义无反顾。

星星之火，呈燎原之势

明朝并未能建立起一个强大的国防体系，而在之后的清朝，尤其是到了晚期，面临的已经不再是历史上农民起义、政权更替的内患问题了，而是更严重的外部列强侵略、关系民族存亡的外患问题。积贫积弱的晚清，国防能力很弱，洋务运动作为中国近现代第一次追赶先进工业国家的尝试，以失败告终。那时的中国没有建立起自己完整的军工体系，军阀混战的硝烟也不曾散去，列强的连天炮火让中华大地满目疮痍，百姓流离失所，那是一段令人痛心的岁月。

1949 年，中华人民共和国成立了，彻底扭转了民族命运，终结了帝国主义列强的侵略，结束了半殖民地半封建社会的屈辱历史。在这之后，抗美援朝，保家卫国，我们想尽了一切办法，保障部队装备供应。但当时落后的工业、困难的经济实在是使我军无法与“联合国军”的装备相抗衡。我们克服天寒地冻，以血肉之躯、落后的武器阻击了“联合国军”的反扑，最终保卫了边境安全，维护了国家领土完整。

实业救国，不仅是振兴民族工业，更要强大军事国防，国家方能自立自强。历史又再次给我们上了一课。

在当时，以美国为首的西方国家，对新中国不承认、敌视，不与中国建交，孤立中国。在这种情况下，国家下决心建立一个绝对完整的、不求外人的工业体系和国防体系。只有这样，才能避免在关键时刻被别人束缚。

1939 年，残酷的第二次世界大战战场，各国使用了非常多的新型武器，最重量级的就是原子弹。美国最先研发出 3 颗原子弹，其中 2 颗分别于 1945 年 8 月 6 日和 9 日投到日本的广岛和长崎，这两个地方瞬间变成人间炼狱，日本随即投降。这让世界看到了核武器的威力。战争结束后，世界各国都在紧锣密鼓研制自己的原子弹。1964 年 10 月 16 日，新疆罗布泊的戈壁，突然传来一声巨响，巨大的蘑菇云腾空而起。中国第一颗原子弹爆炸成功，中国成为世界上第五个拥有核武器的国家。

“小皮球，架脚踢，马兰开花二十一，二八二五六，二八二五七，二八二九三十一。”直到二十世纪九十年代，这首家喻户晓的童谣还被孩童广泛传唱。其实，这首童谣是当时为了庆祝第一颗原子弹试验成功，但又要做好保密工作而编。那个时候的孩子都不知道自己唱的是什么，但都意外地成为了小小的情报员。

很快，其他国之重器的研发纷纷被提上日程。1967 年，中国第一颗氢弹空爆试验成功。1970 年，中国第一颗人造卫星发射成功。同年，中国第一艘核潜艇成功下水。

一代代科学家继先人之探索精神，开科技之盛世。以研制导弹、原子弹和科学实验卫星为核心的重大国防工程，诞生了 23 位“两弹一星”元勋，我们耳熟能详的邓稼先、钱学森、王大珩等就位列其中。这 23 位国之脊梁，大多已经过世，如今仍健在的只有二位——王希季、孙家栋。当然，他们背后还有更多无名的归国精英、科技骨干、技术工人在默默地守护。

他们每个人的故事都是如此与众不同。邓稼先隐姓埋名28年，不顾危险，孤身手捡核弹碎片，后遭辐射患癌离世。钱学森受到美国种种限制、检查、监听乃至迫害，苦苦斗争5年终于回国，他带领科研团队成功研制出第一枚火箭、第一枚导弹、第一颗卫星。郭永怀在飞机坠毁前的最后一刻，与警卫员抱在一起，紧紧护住装有核武器研究资料的公文包，二人遗体被烧焦了，但保密资料却保存完好。

邓稼先先生像

但他们又是如此相似。探索未知的好奇心，使他们保持着对科学的绝对热爱和坚持。独立自主，艰苦奋斗，“穷且益坚，不坠青云之志”。心怀国之大者，将个人命运与国家命运深度捆绑。今天中国制造取得的巨大成就，离不开这样的家国精神。

再看当下之中国，有无数科学家身怀家国之情，披荆斩棘，我想宋应星在《野议》里的万言献策、在《天工开物》一书中表达的强国愿望，早已实现了吧！现如今，我们的国家发谋决策，从容指顾。一曰：大刀长矛换飞机大炮，进取不动摇。二曰：以技术管技术发展循其道。三曰：建设世界科技强国，笃志新目标。挥毫当得江山助，如今以制造业为基础的工业占国内生产总值的32%左右，服务业为代表的第三产业占国内生产总值的55%左右，百姓安居乐业，国家走向富强。

科技者，为国家铸重器，守护国家安全命门

我们的路网四通八达，跨海大桥跃海而生，路网直通村庄，机场座座立，万丈高楼平地起。民众出门旅游方便了，外商对中国投资有信心了，民间经商的热情高了，新的产业起来了，民族制造有希望了，国家经济发展有保障了。

工欲善其事，必先利其器，中国基建离不开大国重器。我们有“神州第一挖”液压挖掘机，移山倒海，一斗可铲 60 吨物料；我们有“隧道清道夫”轮式装载机，能满载 12 吨重物爬 30 度斜坡；我们有世界上最长的混凝土泵车，能以最快的速度把水泥送到最准确的位置。今天的工匠无需再像老祖宗那样，肩挑手扛，栉风沐雨，踽踽独行了。

古有万里长城御外敌，现有国之重器震四方。“嫦娥”奔月，“羲和”逐日，“祝融”探火。“北斗”织网，“天眼”寻外星。“蛟龙”探秘深海，航母挽长弓，“东风”导弹利剑藏。成果不知凡几，壁垒一一攻破。大国重器，中国底气！

“蛟龙”号潜水器

三、凡工匠，千万锤成一器

透过宋应星的《天工开物》，可见中国制造融合了很强的人文精神和信仰精神，人文精神的核心是关爱，是以人为本，而信仰精神的核心是责任，是家国意识。中国制造的第三个文化基因就是传承至今的工匠精神。工匠精神简单来说，就是务实、创新、求精。

“事物而既万矣，必待口授目成而后识之，其与几何？……世有聪明博物者，稠人推焉，乃枣梨之花未赏，而臆度楚萍；釜鬵之范鲜经，而侈谈莒鼎；画工好图鬼魅，而恶犬马。”

《天工开物》在序言中既言明成书之目的：“世间事物千千万，如果都靠别人告诉你或者看到之后再告诉你，我们的认识也不会有多高。世界上聪明好学的人，受人尊敬，但他们连枣花、梨花都分辨不出来，却猜测这是“楚萍”这样的吉祥之物；他们不曾接触铸锅的模子，却对“莒鼎”高谈阔论；画家们喜欢画无常鬼怪，却怕画人们熟知的狗和马。”

这里体现的科学态度就是少空谈，多实践。宋应星去过全国很多地方，对各种工匠的制作工艺进行了细致入微的观察，真实地反映了那个时代儒家“经世致用”学说和社会思想的实学转向。在书中，他则用图解技术的方法展示了古人的制造智慧，说明工匠们是如何努力创新，改进前人技术，提高生产效率的。

当然，求精是评价工匠水平的重要标准，它代表的是工匠对产品的责任。宋应星在书中曾说，“凡工匠结花本者，心计最精巧。画师先画何等花色于纸上，结本者以丝线随画量度，算计分寸秒忽而结成之。”织花纹样的工匠，心思是最巧妙的，无论画师在纸上画出怎样的花样，工匠都能用丝线按照画样仔细量度，精确计算分寸，而后编结成品。

那时织造水平最高的地方还属江南地区，“凡上供龙袍，我朝局在苏、杭。其花楼高一丈五尺，能手两人扳提花本，织来数寸即换龙形。各房斗合，不出一手。赭黄亦先染丝，工器原无殊异，但人工慎重与资本皆数十倍，以效忠敬之谊。其中节目微细，不可得而详考云”。这说的是，皇帝龙袍的官方织染局是设在苏州和杭州的。织机的花楼部分高达5米，每次是由两名技术精湛的能手来进行提花，织完几寸之后，就要变换织另一段龙形。所以，一件龙袍是几个织房分织接合的，一个人是完不成的。龙袍上的丝线，是先染色后纺织，虽然织具没什么不同，但要花费很大的人工和成本。

精美之物的产生就是需要这样的烦琐工序。“共计一杯之力，过手七十二，方克成器。其中微细节目尚不能尽”，哪怕是制作一个瓷杯，光是工序就有七十二道，很多烧瓷的细节还没算在内。

今天，人们提起制造，很容易就把专注、求精、高质量这样的工匠特质与德国、日本联系起来，殊不知，工匠精神早已存在于中国千年的手工制造业历史中，只是我们对自己的制造文化了解太少了。

好物有匠心

凡我们能在明朝找到的各类工艺，在《天工开物》这本大百科全书中，皆能找到。当我们翻阅此书，那些坐在织机边上的织女，玉坊里忙着切割雕琢的玉匠，景德镇磁窑场忙着制坯的瓷工，炉火前等着淬火捶打的铁匠，仿佛瞬间把我们带回了那个时代，让我们欣赏着百工们的技艺。这些工匠是谁呢？宋应星在书中未曾提到过这些人。今天，我们去博物馆欣赏那些考古挖掘出来的精美工艺品，瓷器、玉、农具、丝织……往往也是见物不见人。

但就是隐藏在历史角落的无名匠人们，用他们的匠心成就了中国制造的辉煌。士农工商，匠人在古代社会的地位其实并不高，所以历史上为他们立传著书的，哪怕提及过他们的，都很少，这也是今天我们对古代工匠知之甚少的原因。

在宋应星生活的明朝，匠籍身份的人要改变自己的命运，有两种途径，一是参加科举考试，二是因建造有功，得到皇室提拔，直接逆袭。虽说哪条路都不容易，但最厉害的还是第二种，他们直接靠过硬的专业技术改变命运，最终得以在青史留名。虽然这些人屈指可数，但透过他们，我们能窥见精巧制造背后的那些匠人群体，以及他们的匠心精神。

去北京旅游的朋友，首站必选天安门、故宫。可是，你知道天安门、故宫的设计者是谁吗？这个人叫蒯（kuǎi）祥。

蒯祥生活在朱棣在位时期。明朝工匠，跟以往一样，子承父业，祖上是干什么的，后代基本就干什么了。蒯祥的父亲蒯福是苏州当地有名的木匠，在建筑方面技术过硬，声望也很高，南京应天府宫殿的营建他都主持参与过。

永乐四年（1406），朱棣昭告天下，准备把都城迁到北京，在北京兴建顺天府。这么大的工程，没有过硬技术的工匠哪能完成？永乐皇帝很快就想到了蒯福，不仅是因为他的技术好，也因为他手下还有一支了不起的建筑工程队——香山帮，这是历史上非常有名的匠人群体，尤其擅长复杂精细的传统建筑技术，苏州园林、寺庙道观、皇家宫殿，都留下过他们的作品，所以历史上有“江南木工巧匠皆出于香山”之说。

蒯福此时年事已高，行动也不方便，就把这个重任交给了18岁的儿子——蒯祥，让他带着手下的工程队去北京建造宫殿。蒯祥生在工匠之家，从小就接触各种建筑材料、工具、技艺，《天工开物》里面提到的锯、刨、锉、凿这些木工工具，没有他不精通的。至于作图，他也非常擅长，小到亭台楼阁，大到宫殿布局，每一次设计都展现出无与伦比的创意。因为精于计算、精于绘图、善用榫卯，大家都很信任这个 18 岁的小伙子。

蒯祥的团队到北京后，紫禁城宫殿已经处于规模施工的高潮了，这时候修建皇室城门——承天门（现在的天安门）的工作也开始了。这个任务最早是交给了工部侍郎蔡信，但蔡信因为工作繁忙，又年事已高，就把设计和营造的事情交给了蒯祥，所以蒯祥接到的第一个任务就是修建承天门。

蒯祥先是对紫禁城的整体建筑状况，包括布局、形制进行实地勘测，做细致了解，然后把自己关在房间一个月，精心制作出紫禁城的微观模型，再在这个基础上，设计出承天门城楼建造方案，这样城楼就能保持跟皇宫整体建筑风格一致了。

因为精通营造尺度计算，蒯祥负责的工程实施前都能通过图纸进行指导，材料的大小尺寸、建筑距离、地理位置在图纸上都做了明确标注，施工者只需认真按照图纸标注，准确把握材料、方位等，就不会存在大的纰漏，香山帮里面又卧虎藏龙，人人做事都很靠谱，所以蒯祥负责的工程都能高质高效完成。不仅如此，蒯祥还有个独门技能，就是非常擅长榫卯的使用。古代宫殿建筑多是木质结构，蒯祥制作的榫头长短能根据卯眼的大小严丝合缝地对接到卯里面去，这样的施工也让皇帝非常赞赏。

技可进乎道，艺可通乎神。凡成大师者，必然要超脱于技艺追求艺术之境。蒯祥把原来江南建筑艺术中的彩画、琉璃、金砖用到宫殿架构上来，完成后的殿堂金碧辉煌、美轮美奂。承天门上层大殿的屋檐上铺黄琉璃砖瓦，屋檐下刻装饰彩画和金龙，大殿柱子也有金龙缠绕在上，一派宏伟气象。

紫禁城的宫殿、承天门，蒯祥主持建造的工程，未曾听说过坍塌、积水的问题。后来虽然因历史原因历经焚毁、重建等，但蒯祥的设计智慧仍启迪着后人。蒯祥凭借一颗匠心和一双巧手，受到皇家的重视，直接从一介平民升为工部侍郎。《明实录·宪宗实录》记载：“凡百营造，祥无不与”，古代出身低下的木匠被这样写进官方历史的没有几个人，足可见蒯祥的技艺之高超。

有明一代，百工并起，名匠争先。除蒯祥外，还有如木匠蔡信、郭文英、徐杲等升至工部尚书，石匠陆祥升至工部侍郎。

有人会问，那如果不通过仕途，工匠就无法在历史留名了吗？倒也不是，只要技艺精湛，产品质量足够好，民间就会口碑相传，最终这些工匠的名字和他们的作品就一直流传到今天了。

明朝，苏州地区有个玉雕大师，叫陆子冈，他生活在嘉靖至万历年间。陆子冈擅长微雕平刻，能把玉石刻出类似浅浮雕的效果。他还自己独创了“昆吾刀”这一技法，“昆吾刀”在中国历史传说中，是用昆吾石炼制，这种材料炼出的刀具十分锋利，削铁如泥。陆子冈的刀本名“锟铻”，但是这把刀与传说中的昆吾刀有什么关系，我们就不得而知了，据说很少有人见过这把刀。

传说嘉靖皇帝听说陆子冈的名气，就让他在自己的玉扳指上刻一幅百骏图。身边的人都为他捏了一把汗，但陆子冈花了一个月的时间刻出来了。小小的玉扳指上，远处是群山环绕；近处，城门大开，一匹骏马呈昂首跃步之态，身后一匹骏马相随，第三匹马则只露出半个马身，后面似有无数骏马紧紧跟随。这么巧妙的构思和精湛的技艺一下子就把嘉靖皇帝打动了，后来宫里很多皇室妃嫔都来找他雕刻。

在民间，江南一带商业繁荣，富商云集，用玉之风盛行，那时候大家都很喜欢用金镶玉，即把金银丝镶嵌到玉石上，这个潮流就是陆子冈带起来的。

我们知道，在古代，很多精湛的艺术品是不留名的，玉雕师傅从不把自己的名字刻在自己的作品上面，但陆子冈是第一个坚持在玉器上刻自己名字的人。因为他的玉雕技艺实在太高超了，文人争相收藏他的作品，口碑相传，所以他的名字不仅留在百年流传的玉雕作品中，更是被文人墨客写进自己的作品集，被编入地方志中，名垂青史。

宋应星在《天工开物》中提及玉器制作时，谈及“良玉虽集京师，工妙则推苏郡”。自明朝以来，苏州的专诸巷就汇集了天下美玉和名匠，而玉雕技术在这里又以陆子冈的玉作为代表。宋应星是陆子冈的晚辈，想来他写作此书时应该是听过陆子冈的大名吧。

求精求巧的工匠精神是如何在古老的中华大地孕育而生的呢？在中国制造业的历史上，对官方作坊里面的工匠，我们很早在春秋时期就形成了“物勒工名”的制度，即工匠把自己的名字刻在作品上，方便管理者去检验作品质量。后来一统天下的秦国，很早就让工匠把名字刻到自己制造的兵器上，一旦出现差错，就有严厉的刑罚等着他们。久而久之，这种外在约束就被制度化了。今天我们游览西安、南京等地的古城墙，常常发现砖上刻有人名，有种说法就是这是当时管理者为了增强工匠的质量意识而沿用前代的追责做法。

后来随着社会经济的发展，官营手工业之外出现了越来越多的民间手工业作坊，他们生产的产品，没有官方那么严苛的外部监察制度来约束，又该如何控制质量呢？这时候匠人行业内部就慢慢自发形成一套伦理规范。因为工匠地位一直比较低下，又不像农民那样能守着一亩三分地实现自给自足，他们唯一能保障自己生活的方式就是练就一门好手艺，只有把手艺练好了，才能养家糊口，积累财富。手工制作又不像机器生产，产品质量的好坏完全依赖工匠的手脚操控、专注力和反复实践。长此以往，专注、敬业、勤劳、追求极致这些品质就内化成为工匠的工作伦理，慢慢就流传下来了，成为中国制造的文化价值观内核。

超级工程背后的“神操手”

工匠精神曾在中国古代生活中扎根生长，品质曾是中国制造的文明标志。无论是在博物馆欣赏那些精美绝伦的工艺作品，还是在历史书中看到介绍中国精美的瓷器、丝绸、漆器飘洋过海，成为欧洲贵族的新宠，令世界顶礼膜拜，你都会禁不住感叹，古代中国制造之所以被世界尊重，源自中国产品的质量和精美，源自历史上《天工开物》所描绘的那些无名工匠们孜孜不倦、一丝不苟的工作精神。

在工业时代，虽然很多工匠已逐渐淡出历史的舞台，但工匠精神却延续至今。2016 年央视播出的一部纪录片《我在故宫修文物》爆火网络，“工匠精神”再次成为年度网络热词。修复钟表、修复书画、修复佛像、修复青铜器……这些文物的修复师们，师徒传承，从年轻干到年老，用了一辈子的光阴就做了一件事。一座钟表的零件有上千个，一件破碎的青铜器有百多个残片，一幅古画的临摹要几年甚至十几年。要修复完成一件作品，耐不住寂寞是不行的。就是这些默默无闻的修复师们日复一日地精打细磨，才让那些历经百年甚至千年洗礼蒙尘变旧的文物以焕然一新的姿态出现在展览馆，让我们与古代工匠开始了跨时空的对话。

很多观众在看这部片子的时候都会为文物修复师们的匠心所感动。比如，漆器组的师傅因为某些文物对用漆要求很高，大晚上跟着采漆员去山里采集天然漆。这个过程是很辛苦的，平时坐在屋里专注工作，考验的是耐力，但是外出采漆要爬树，陡峭的山崖随时都可能带来生命危险，考验的是体力和勇气。回来刷漆时，他们还要忍受生漆带来的过敏等各类问题。这些修复师的身上依然流淌着古代工匠的匠心气质。所幸的是，看到后面，又有新的一批 80 后、90 后的年轻人加入修复工程，他们有的从海外学成归来，凭借 3D 扫描技术、数控机床、机械机床等新科技，提高了文物修复的精准度和效率，更帮助建立了一套完整的文物修复方案，这就是工匠精神的代代传承吧！

三星堆算是现在文物界的“顶流”了吧！看过三星堆展览的朋友，黄金大面具、青铜神树肯定是必须拍照打卡的。你可知，青铜神树高达 3.96 米，最开始出土的时候，就是 200 多块残损的碎片，有些部分还缺失了，是修复师郭全中苦心钻研，传承传统锡焊法，并研发铆接、浇铸等办法，花了 5 年时间才让这绝美的神树站起来。黄金大面具刚发掘出来，被严重挤压变形，是一团不到 2 厘米厚的疙瘩，是郭全中的徒弟——刚年满 30 岁的鲁海子小心翼翼地分析和判断，采用多种方法处理才让面具的嘴巴、鼻子、眼睛展露出来。这一份坚守、责任、热爱和对文物的敬仰之心，是工匠精神的内化和传承。

现如今，一系列国之重器纷纷亮相，火箭、飞机、大炮、高铁、轮船、大桥……无论是哪一种，哪怕出现 0.01% 的失误，都可能造成极大的安全事故。这些国之重器零部件的生产，离不开许许多多在一线工作的焊工、技工、电工、桥梁工、钳工，等等。或许他们没有那么高的文凭，也没有显赫的出身，但就是这样的普通劳动者，传承了中华民族自古就有的勤奋钻研、实干肯干、认真踏实的精神，撑起了制造强国的半边天。工匠精神在当代的延伸，正在开创一片全新的天地。

在国产大飞机 C919 首飞试验之前，我们平时乘坐的飞机都是进口的，研发中国自己的飞机一直是国人的愿望。C919 的生产从 2008 年开始，历经 10 多年的时间，飞机的机头、机翼、机身、机尾都是我们国内公司生产的，核心零部件，如发动机、通信导航设备这些则是先购买原装进口，然后再逐步国产化。有人说，把这些进口的产品组装起来，也不难吧？其实我们国家在二十世纪七十年代开始就停止研发民用客机了，现在要生产我们自己的飞机，相当于从零开始。但我们不仅做到了，还创新使用了很多新材料，很多是全球首创，这是非常不容易的。

飞机的外壳材料之一——树脂级碳纤维材料，重量比一般材料轻，使用寿命也更长，但是在传统客机上的使用率是比较低的，因为它对安装精度的要求非常高，比火箭要高出三四个数量级。但我们就率先使用了这种材料，用它制成的外壳要跟其他材料制成的外壳实现精准焊接，误差要在 0.08 毫米以内。0.08 毫米是什么概念？比我们的头发丝还要细。有经验的师傅凭手就能摸出这样细微的差别，我们实现了这样的对接精度。

飞机外壳之下——7 万多根航空线缆，分别分布在飞机的机头、机身、机翼、机尾，总长加起来达 100 千米，相当于横穿整个北京城了。飞机的线缆相当于我们人体的血管一样，血管要是出血了，或流通不畅了，人体就会出问题。线缆出问题了，飞机可能控不住油门，可能操纵杆失灵，也可能显示器不亮。C919 的装配工周琦炜就是飞机的“外科专家”，在飞机制造过程中，他和团队在极其狭小的空间完成了 725 处的排线布管，15 万个零件的安装配组。没有经历千锤百炼，没有勤奋钻研，没有追求极致的态度，是完成不了这些工作的。

国产大飞机的研发历经 17 年，近 30 万人参与，诞生了很多像周琦炜这样的大国工匠，他们传承了传统制造的工匠精神，掌握了最新的科技手段，成为新时代先进生产力的代表，也撑起了中国制造的脊梁。

来一场中国制造的品质革命

今天，提起中国制造，你脑海里想到的第一个词是什么？

有人会说："高铁动车、比亚迪汽车、华为手机、载人航天……中国制造够高端，有品质，国产越来越牛了！"

也有人会说："山寨多啊。几年前，一个叫阿迪王（adivon）的国产品牌，还赞助了当年的NBA啊，后来被正主阿迪达斯(adidas)给告了。前几年，过年回家，我看到我们那步行街卖鞋的，说他卖的是新百伦(New Balance），我一看商标是纽巴伦（New Burlance）。好家伙，中国制造真是让人哭笑不得。"是的，很多人都与这样的产品有过不同程度的接触。

30 多年前，中国承接的是西方国家的劳动密集型产业，利用的是人口优势，干的是代工生产的活。我们生产的成品，其实贴的是外国的牌子。品牌设计、研发和销售这些高端环节，被发达国家的跨国公司掌握，我们能拿到的利润是很微薄的，只是在为他人作嫁衣。

可是，创业初期，山寨借鉴这条路没法避免。一些消费者买不起品牌溢价的产品，想要有品牌平替，至于质量，只能退而求其次。一些具备生产能力的工厂，能生产出一批靠谱的产品，但没有建立品牌，打不开市场，只能蹭已有的品牌热度。这样一来，中国制造的产品鱼龙混杂，一定程度上损害了中国制造的形象。

在中国经历百年社会变迁，从传统向现代的转型过程中，我们一直都在疾速奔跑、拼命追赶。“时间就是金钱，效率就是生命”曾是一个时代的共识。在加速追赶的年代，中国制造传统中的工匠精神仿佛遗失在历史的角落里。

当然，世界一流发达国家，在通往工业强国的路上，也经历过这样一段时期的阵痛。十八世纪，英国工业革命之后，英国制造的产品开始远销海外。德国这下坐不住了，在索林根城，出现上百家山寨作坊，仿造英国的谢菲尔德刀具，还把刀具的品牌标志换了几个字母，以假乱真。不仅如此，德国还大量制造皮鞋、服装、家电等各类产品。这些产品质量虽勉强过关，但价格便宜，很多欧洲人即便知道非正品也甘愿购买德国的山寨品。

无独有偶。大西洋对岸的美国，看着英国工业革命出现的黑科技，也蠢蠢欲动。重赏之下，必有勇夫。一个来自英国纺织之乡，名叫斯特莱的学徒，从报纸上看到美国正在奖励研制新式纺织机的消息，心动不已。他绕过重重关卡，把纺织机拆成零部件，带到美国，而后被美国视为工业革命的英雄。大量山寨的产品和科技后来都曾通过这样的方式被引入美国。

日本仿制德国的摩托车

日本仿制德国的摩托车

应了“前有车后有辙”的俗语，二十世纪四五十年代，日本承接了美国的制造业，从食品、服装、玩具、动画片、家电、汽车到影视产品，各行各业都大量仿制美国和德国的品牌。日本当时有款车，模仿德国的宝马车，商标调换了颜色，名字改成了 DMW。后来，日本在经济上咸鱼翻身，逐渐摆脱了山寨的帽子。

德国、日本、美国经历过这样的阵痛，如今已经成功转型，它们建立了一套完整的质量管理制度，洗脱了曾经的山寨标签，转身成为品质制造的代表。不仅如此，他们也非常善于从民族历史中去寻找本国制造的文化基因，建立了厚重的企业文化，如德国从黑格尔、康德哲学，以及他们使用的语言里面找到德国人“理性严谨”的民族性格，并将这种理性严谨延伸至制造业中，塑造了专注、规范、精确、完美的制造文化。这样的制造文化借助他们的工业产品——如宝马、奔驰、大众、西门子、保时捷、阿迪达斯、奥迪等广泛传播，让国家声名远扬。

中国正在从制造大国向制造强国迈进。工匠精神也从尘封的历史中被再次提起，成为支撑我们建设制造强国的精神力量。

世事纷繁多元，纵横当有凌云笔。以往，国际友人谈起中国制造，衣服、鞋子、皮包……这些都是物美价廉的代名词。如今，中国整体实力变强了，中国制造的科技含量增加了，产品品质大大提升，华为手机、比亚迪汽车、中国高铁、航天科技……国货之光，正在重新塑造“中国制造”的形象。

很多出国旅游的中国游客会惊喜地发现，他们在当地乘坐的是来自中国的电动大巴！当然，不止于此，若环游世界，留心观察，你处处都能发现中国国产电动大巴和出租车的身影，它们频频出现在国外城市的街头巷尾。截至 2024 年，比亚迪的大巴和轿车在全球 94 个国家和地区都有销售，中国新能源汽车与世界绿色能源革命实现了一次“双向奔赴”。

倘若想来场自驾游，无论此刻是开行在泰国的街道，还是驰骋于蒙古国辽阔的戈壁公路，抑或是在遥远的巴西、新西兰、哥伦比亚……都会惊喜地发现，越来越多的当地居民开着中国产的新能源汽车出行！在这些地方，中国的新能源汽车销量已经远远超过人们熟知的特斯拉。

拿国人司空见惯的“元 plus”来说，它在海外更改了自己的名字——“ATTO 3”，已经成为市场的爆款。这款车在国内售价 16 万元人民币，到日本能卖相当于人民币 22 万，在泰国售价 24 万，在德国预售价 26 万。“汉”和“唐”的价格在欧洲市场已经超过了特斯拉的“Model Y”。以往的国人总是羡慕外国民众能以更低的廉价格买到高品质的奔驰、宝马，可是现在，我们又何尝不是别人羡慕的对象呢？

比亚迪“ATTO 3”泰国预定首日

2000 年初，国产汽车经过二十世纪八十年代的奋发图强，逐渐有了起色，那时候中外合资生产的汽车比较多。当时，以做电池起家的比亚迪宣布进军汽车行业，引起一片哗然。那时大家正兴致勃勃享受燃油车带来的快乐，对电池厂家造车，不敢想，无法想，也看不上。任世界纷纷扰扰，我自岿然不动。20 多年时间，比亚迪专攻电车领域，投入上千亿，用卖燃油车的钱反哺汽车电池的研发，曾有一段时间，这家公司差点就走不下去了。

幸甚至哉！成大事者，谋时而动，顺势而为。车企的背后是国家对发展新能源产业的大力支持，新能源不仅能使我们国家摆脱对石油进口的依赖，还能使我们摆脱传统汽车核心技术对欧美日韩等国的依赖。所以，当欧美国家保持着对传统汽车的技术领先优势时，我们打破常规，敢于坚持，走出了与别人不一样的路，看到了不一样的风景。

比亚迪如今有超过 60 万名员工，为提升全员的品质意识，企业将 20 多年来的品质管理经验系统总结，建立了一套“造物先造人”的组织文化。如今在比亚迪的生产车间，有卷绕电池的闪电手，有技能精湛的焊匠切工，也有手握多项专利的技术工匠。新时代的中国工匠，不仅拼手艺、拼工作态度，还在拼技术创新、拼研发，他们身上承载着更多的责任与担当。

因为有了比亚迪、小鹏汽车这样的高品质国货，中国的汽车用了 70 年时间，从不能造到造得了，再到造得好，硬是凭借一己之力刷新了外国人对中国汽车的认知，从此“廉价”“劣质”不再是中国汽车的代名词了。

比亚迪是中国制造向高质量进阶的一个缩影，它说明了我们已经从市场内部开始了产业的自我升级之路，中国三十年的山寨故事要翻篇了，中国制造的下一个时代——中国创造很快就会来临。

比亚迪创始人王传福先生说：“中国人不笨也不懒，只要努力，只要给机会，也能取得成功。”中国制造的文化基因是很深厚的，我们在几千年前就形成了精益求精的工匠精神，这点跟西方的工具理性导向下孕育而出的专注、规范其实是异曲同工的。此外，中国的制造文化更加丰富，因为中国是以道德文化为特征，工匠精神是孕育在“治心”的学问里面的。也就是说，中国制造优质的产品，是以人为本的，而且具有很强烈的家国情怀，这跟更偏向追逐市场效益的精工制造文化也有本质不同。

总的来说，中国制造，有代代先辈披荆斩棘，且不畏经岁经年，未来可期。从宋应星著成中国古代制造业的“百科全书”，到一代代中国人不惧艰难、脚踏实地、开放创新，终于在今天迎来中国制造的高光时刻。尽管中国制造在某些核心领域还存在短板，还走在建设世界强国的伟大征途上，但中国制造衍生出的实事求是、精益求精、以人为本、家国情怀这些文化基因，必将成为助力民族复兴的澎湃力量！